# Matlab 与数学实验

## （第二版）

张志刚　刘丽梅　朱婧　王兵团　编著
范玉妹　　　　　　　　　　　　　主审

中　国　铁　道　出　版　社
2 0 1 2 年 · 北京

## 内 容 简 介

本书着重介绍数学软件 Matlab 的主要使用命令和内容，读者在学习了本书之后，能很快掌握 Matlab 数学软件的主要功能，并能用 Matlab 数学软件去解决实际中遇到的问题。此外，本书加入了与高等数学、线性代数、计算方法课程有关的数学实验内容，使 Matlab 能很方便地融入到高等数学、线性代数或计算方法课程的教学中。

本书编排采用便于自学的方式，读者可以根据自己想处理的数学问题快速找到相应的 Matlab 命令。全书层次清晰，重视实用，突出 Matlab 主要命令和功能，并附有大量的例题和解释，弱化 Matlab 命令和概念的枯燥和繁琐性，可以使数学软件的学习变得更简单，读者只要具有简单的计算机操作技能即能学懂本书。

本书可作为学校各专业的专科生、本科生、研究生及工程技术人员学习 Matlab 数学软件或数学实验课的教材和参考书。

图书在版编目（CIP）数据

Matlab 与数学实验/张志刚等编著. —2 版. —北京：中国铁道出版社，2004.6(2012.1 重印)
ISBN 978-7-113-06007-7

Ⅰ.M… Ⅱ.张… Ⅲ.数学 - 算法语言-应用软件
Ⅳ.0245

中国版本图书馆 CIP 数据核字（2007)第 021966 号

书　　名：Matlab 与数学实验
作　　者：张志刚　刘丽梅　朱婧　王兵团　编著
出版发行：中国铁道出版社（100054，北京市宣武区右安门西街 8 号）
责任编辑：赵　静
编辑部电话：010-63583214
封面设计：马　利
印　　刷：三河市华丰印刷厂
开　　本：880×1230　1/32　印张：7.25　字数：215 千
版　　本：2002 年 10 月第 1 版　2004 年 6 月第 2 版　2012 年 1 月第 9 次印刷
印　　数：28001 ～ 31000 册
书　　号：ISBN 978-7-113-06007-7
定　　价：16.00 元

# 第二版前言

本书自2002年出版以来,采用它作为学习 Matlab 数学软件和数学实验教材与参考书的大专院校有北京科技大学、北京交通大学、首都师范大学、北京服装学院和河北省承德民族师专等很多学校,许多用过本书的教师和读者发来信息表示关切和鼓励,并对书中存在的不妥和错误之处给予指正,同时,还提出了宝贵的建议。在此,向他们表示衷心感谢。

这次修订着眼于向读者负责,进一步提高质量,更加适合一般院校的教学需要。本书保留了第一版的基本结构和便于教学的特点,并对已经发现的错误和不妥之处给予了改正。此外,应广大教师和读者的需要,我们在第二版中,还用附录的方式增加了两项内容:附录1罗列了一些常用的 Matlab 命令及其功能;附录2介绍当前与 Matlab 数学软件齐名但简单易学的 Mathematica 数学软件使用简介。

由于篇幅的原因,第二版我们对罗列的常用 Matlab 命令及其功能,没有把每个命令用例题的方式介绍它们的使用。读者要想了解它们的使用规则,可以通过 Matlab 帮助命令来查询它们的具体用法。

本书第二版由北京科技大学的张志刚老师、朱婧老师,河北省承德民族师专数学系的刘丽梅老师和北京交通大学的王兵团老师共同编著。全书由北京科技大学范玉妹教授主审。在修订过程中,北京地质大学的陈兆斗教授和北京科技大学的李安贵教授提出了许多宝贵的建议,在此一并向他们表示衷心感谢。

本书编写时力求应用性较强、适用面较宽、文字简明通顺、加大信息量。既可以作为本科生、专科生、函授生开设数学实验和 Matlab 数学软件课程的教材和参考书,也可以作为科研和教学人员学习借助计算机解决数学问题的参考书。此外,本书还可以作为那些想在高等数学、线性代数、概率统计课程中加强实验环节教学改革的学校和教师的辅助教材和参考书。

由于作者水平有限，书中难免有不当之处，恳请广大读者指正。

编著者

2004年6月

# 第一版前言

Matlab 是 1984 年由美国的 Math Works 公司推出的数学软件，其优秀的数值计算能力和数据可视化能力使它很快在数学软件中脱颖而出，历经十几年的发展和竞争，Matlab 现已成为适合多学科、多种工作平台的功能强大的大型科技应用软件。在欧美高等院校，Matlab 已经成为高等数学、线性代数、自动控制理论、数理统计、数字信号处理等课程的基本工具；也是攻读学位的大学生、硕士生和博士生必须掌握的工具。在设计部门和科研部门，Matlab 被广泛用来研究与解决各种工程问题。

数学软件可以使不同专业的学生和科研人员借助计算机进行科学研究和科学计算，在一些国家和部门，数学软件已成为学生和科研人员进行学习和科研活动最得力的助手。Matlab 是一个功能强大的常用数学软件，它不但可以解决数学中的数值计算问题，还可以解决符号演算问题，并且能够方便地绘出各种函数图形。不管你是一个正在学习的大学生，还是在岗的科研人员，当你在学习或科学研究中遇到棘手的数学问题时，Matlab 给你提供的各种数学工具，可以避免做繁琐的数学推导和计算，帮你方便地解决所遇到的很多数学问题，使你能省出更多的时间和精力做进一步的学习和探索。

数学软件在数学实验和数学建模教学中也占有重要的地位，而数学实验课程开设的效果与学生是否会用数学软件有很大关系。我们教育改革的目的是培养学生的创新能力和提高学生的素质，显然，在学生中普及数学软件的使用既能提高学校的办学水平，又有利于学校的教学改革。而数学实验课是工科数学教育改革的产物，它既提供了一些新的教学内容，又构成了一个新的教学环节。

为满足在我国高等学校中普及数学软件的使用和开设数学实验课的需要，我们在研究数学软件和数学实验课特点的基础上，编写了本教程。目的是让数学软件及其使用不再神秘，使学习数学软件变得简单实用。考虑到大部分人通常希望学习新知识花时间少、容易学、实用和功能强的心理,我们采用了通俗易懂的方式编写了本书。其目的是使各个专业的初学者在读了本书之后,能很快掌握 Matlab 数学软件的主要功能,并能用 Matlab 数学软件去解决实际中遇到的问题。此外,本书加入了与高等数学、线性代数、计算方法课程有关的数学实验内容,它可以作为开设高等数学、线性代数、计算方法课程的数学实验内容。如果没有专门的课时开设数学实验课,也可以把本教材的实验内容融入到高等数学、线性代数或计算方法课程的教学中,达到使学生既学习了数学软件的使用,又可以对相应的数学概念和知识有更深入理解的目的。

本书编排采用便于自学的方式,读者可以根据自己想处理的数学问题快速找到相应的 Matlab 命令。对每类命令本书都给出了该类命令的一般命令结构以帮助读者记忆该类命令,而对具体的命令则详细地给出了它的命令形式、对应的功能说明、注意事项和例题。如果读者对命令的描述部分理解不够,通过后面的例题,也可以知道该命令的作用。全书层次清晰,重视实用,突出 Matlab 主要命令和功能并附有大量的例题和解释,弱化了 Matlab 命令及概念的枯燥和繁琐性,可以使数学软件的学习变得更简单。此外,读者可以通过思考数学实验的问题、替换书中例题的设置、选择相应数学课程的习题来练习 Matlab 命令使用,或将自己在学习和科研中遇到的数学问题有意识地用 Matlab 来求解,这样可以有效地帮助读者学习和理解 Matlab 的使用。

本书由北方交通大学王兵团,北京科技大学张志刚、朱婧和北京服装学院颜宁生共同编著,北京科技大学范玉妹教授主审。此外,北方交通大学刘国忠副教授和北京科技大学的程蕾硕士也参与了本书的编写。在此我们一并表示衷心的感谢!

本书可作为高等学校各专业的专科生、本科生、研究生及工程技术人员学习 Matlab 数学软件的教材和参考书,也可以作为数学实验课的教材或者是在高等数学、线性代数、计算方法课程中加入数学实验内容的配套教材。

由于时间仓促,作者能力所限,书中错误在所难免,敬请读者指正!

编　者

2002.7

# 目　录

# 第1章　Matlab 基础知识

## 1.1　Matlab 概述

### 1.1.1　Matlab 简介

数学软件可以使不同专业的学生和科研人员借助计算机进行科学研究和科学计算，在一些国家和部门，数学软件已成为学生和科研人员进行学习和科研活动最得力的助手。Matlab 是一个功能强大的常用数学软件，它不但可以解决数学中的数值计算问题，还可以解决符号演算问题，并且能够方便地绘出各种函数图形。不管是一个正在学习的大学生，还是在岗的科研人员，在学习或科学研究中遇到棘手的数学问题时，利用 Matlab 提供的各种数学工具，可以避免做繁琐的数学推导和计算，方便地解决很多数学问题，使用户省出更多的时间和精力做进一步的学习和探索。Matlab 具有简单、易学、界面友好和使用方便等特点，只要用户有一定的数学知识并了解计算机的基本操作方法，就能学习和使用 Matlab。目前，我们在科研论文、教材等很多地方都能看到 Matlab 的身影。

Matlab 的基本单位是矩阵，它的表达式与数学、工程计算中常用的形式十分相似，极大地方便了用户学习和使用，故 Matlab 深受用户欢迎。在欧美一些高等院校，Matlab 已经成为高等数学、线性代数、自动控制理论、数理统计、数字信号处理等课程的基本工具和攻读学位的大学生、硕士生和博士生必须掌握的技能。在设计和科研部门，Matlab 被广泛用来研究与解决各种工程问题。

Matlab 自 1984 年由美国的 Math Works 公司推向市场以来，历经十几年的发展和竞争，现已成为国际最优秀的科技应用软件之一。考虑到大部分人学习新知识都希望所学内容易学、实用和功能较强，本书主要以适用于 Windows 操作系统的 Matlab 5.3 版本向读者介绍 Matlab 的使用命令和内容。学习这些内容后，读者就能用 Matlab 来解决很多数学问题。此外，所学命令可以在更高版本的 Matlab 中运行，对自学 Matlab 的高版本内容和其他数学软件都有很大的帮助。

### 1.1.2　Matlab 的安装和进入/退出

(1) Windows 版本的 Matlab 安装步骤为：

①启动 Windows 操作系统，打开 Windows 资源管理器；

②在 Windows 资源管理器中选择 Matlab 系统安装盘，察看磁盘中的安装文件 Setup.exe；

③用鼠标双击安装文件 Setup，屏幕上出现一些选择对话框；

④用鼠标点击所有选择对话框的 OK 按钮或键入字母 y，则系统就在

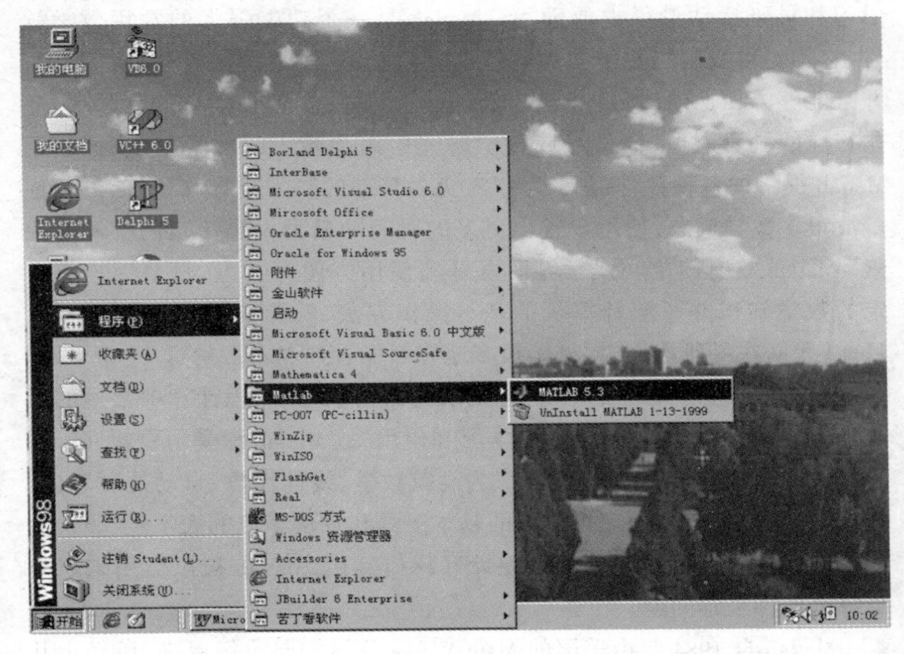


图 1.1　启动 Matlab

你的计算机上安装了 Matlab 数学软件,这样你的计算机就可以运行 Matlab 了。

(2)Matlab 的进入/退出

安装 Matlab 后,系统会在 Windows【开始】菜单的【程序】子菜单中加入启动 Matlab 命令的图标,用鼠标单击它就可以启动 Matlab 系统,见图 1.1。启动 Matlab 后,屏幕上出现 Matlab 命令窗口,见图 1.2。

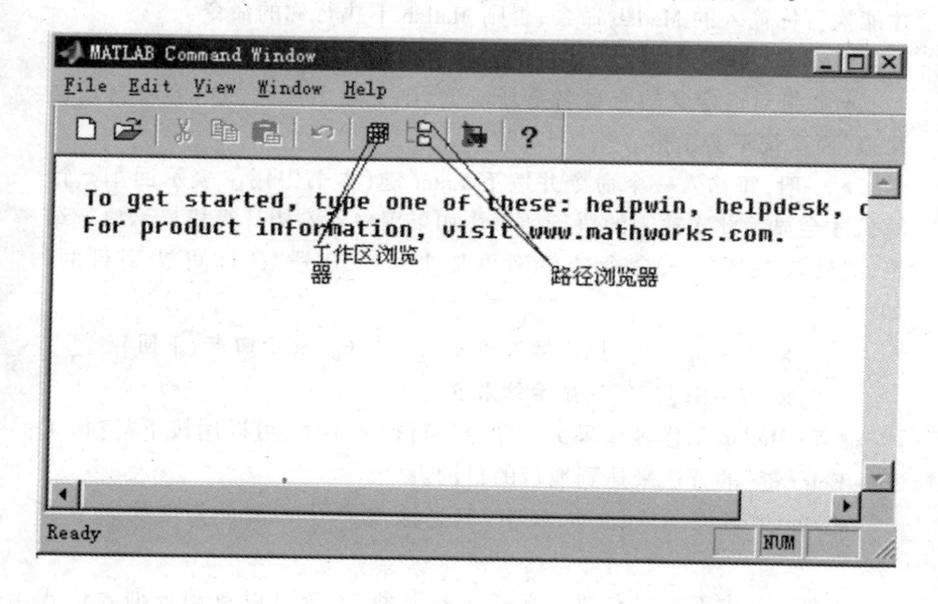


图 1.2　Matlab 命令窗口

Matlab 命令窗口中的顶行下拉菜单为 Matlab 的菜单栏,其中 File 下拉菜单中可以处理与文件有关的各种操作,Edit 下拉菜单可以进行命令窗口中文字的编辑问题。菜单栏下面是快捷工具栏,它是 Matlab 最常用的命令按钮,熟练使用这些按钮可以使工作更快捷、更方便。其中:

▦ 是工作区浏览器,用于显示工作空间中变量的图形方式,比较直观、方便(参见图 1.5);

⎘ 是路径浏览器,可以对路径进行管理与修改(参见图 1.6)。

再下面一块空白区域是 Matlab 的工作区(也称命令输入区),在此可以输入命令并可立即得到执行。

退出 Matlab 系统与关闭 Word 文件一样，只要用鼠标点击 Matlab 系统集成界面右上角的关闭按钮即可。

### 1.1.3 Matlab 操作的注意事项

• 在 Matlab 工作区用户输入 Matlab 命令后，还须按下 Enter 键，Matlab 才能执行你输入的 Matlab 命令，否则 Matlab 不执行你的命令。

• Matlab 是区分字母大小写的。

• 如果对已定义的变量名重新赋值，则变量名原来的内容将自动被覆盖，而系统不会出错。

• 一般，每输入一个命令并按下 Enter 键（本书中用↙表示回车），计算机才会显示此次输入的执行结果。如果用户不希望计算机显示执行结果，则只要在所输入命令的后面再加上一个分号“;”即可达到目的。如：

```
x=2+3↙      执行结果为 x=5    (↙表示回车,下同)
x=2+3;↙     不显示结果 5
```

• 在 Matlab 工作区如果某个命令一行输入不下，可以用按下“空格 + … + Enter 键”的方法来达到换行的目的。

• Matlab 可以输入字母、汉字，但是标点符号必须在英文状态下书写。

• Matlab 中不需要专门定义变量的类型，系统可以自动根据表达式的值或输入的值来确定变量的数据类型。

• 命令行与 M 文件中的百分号“%”标明注释。在语句行中百分号后面的语句被忽略而不被执行，在 M 文件中百分号后面的语句可以用 Help 命令打印出来。

• Matlab 可以在许多网站上下载，读者可以通过站点 Search.igd.edu.cn 来搜索有关内容。有关网站如：

http://www.matlab-word.com/cmatlab 大观园

http://matlab.myrice.com

在本书中，为叙述方便，用记号“主菜单名|子菜单名|…”来指示

子菜单。例如 File|set path 表示单击 file 主菜单后再选择其中的子菜单 set path。

## 1.2　Matlab的具体操作与操作键

### 1.2.1　菜单操作

(1)文件操作

Matlab对文件的打开、关闭和保存等操作与Word完全类似,在此不再说明。在Matlab中新建M文件的操作是在命令窗口中选择File|New|M-File(见图1.3),然后用鼠标单击M-File,可以打开Matlab自带的"M函数与M文件编辑器"(见图1.4),用户就可以在此编辑窗口来编辑一个新的M文件了。Matlab自带的M函数与M文件编辑器还可以用来对已经存在的M文件进行编辑、存储、修改和读取。

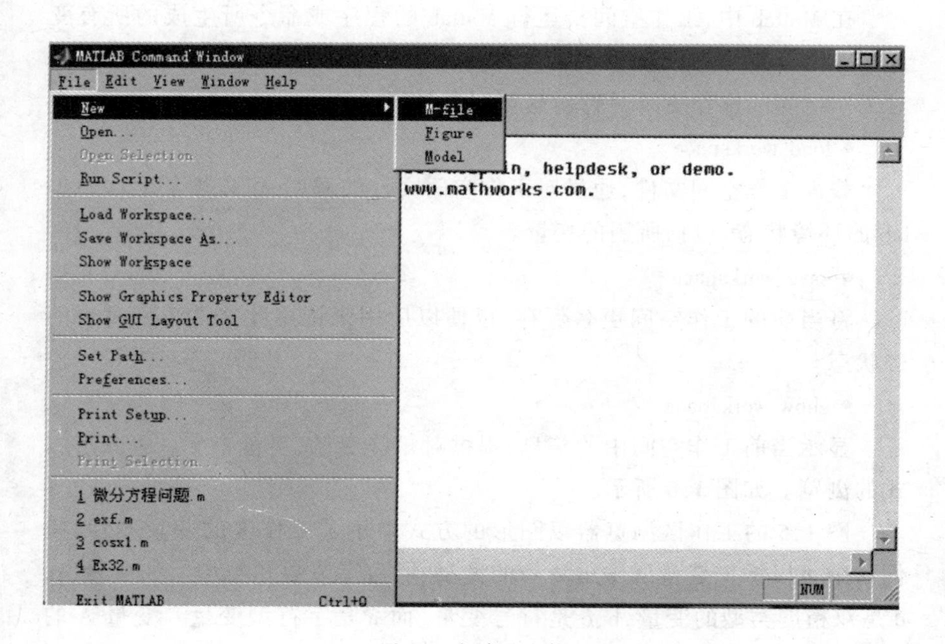


图1.3　新建M文件

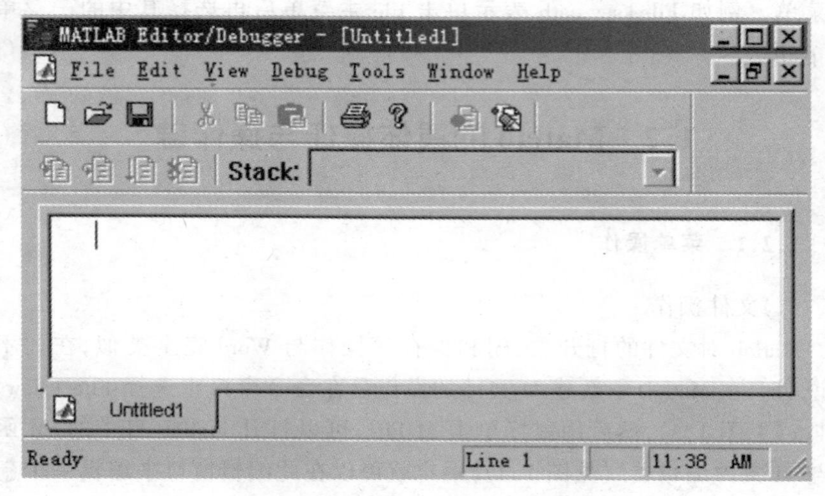


图 1.4 M 函数与 M 文件编辑器(编辑窗口)

(2)工作空间操作

在 Matlab 中,工作空间指运行 Matlab 的程序或命令所生成的所有变量和 Matlab 提供的常量构成的空间。Matlab 的基本对象是向量与矩阵,对工作空间的操作主要是针对这些对象进行操作。

- load workspace

载入工作空间文件,通过对工作空间文件的调用,可以恢复上次 Matlab 的环境状态,包括所用的变量。

- save workspace

将当前的工作空间更名保存,以便以后用来调用此文件来恢复当前的状态。

- show workspace

显示当前工作空间中的信息,提供对矩阵变量、字符串变量等图形方式的浏览。如图 1.5 所示。

图 1.5 的工作区浏览器以图形的方式显示了工作区的变量属性,我们从中可以得知变量 A,a,b,c,d 的大小、所占字节数和类型。如变量 A,d 是双精度类型的变量,b、c 是符号变量,而 a 是字符型变量。变量 A 的大小是 1 行 4 列,占 32 个字节等。

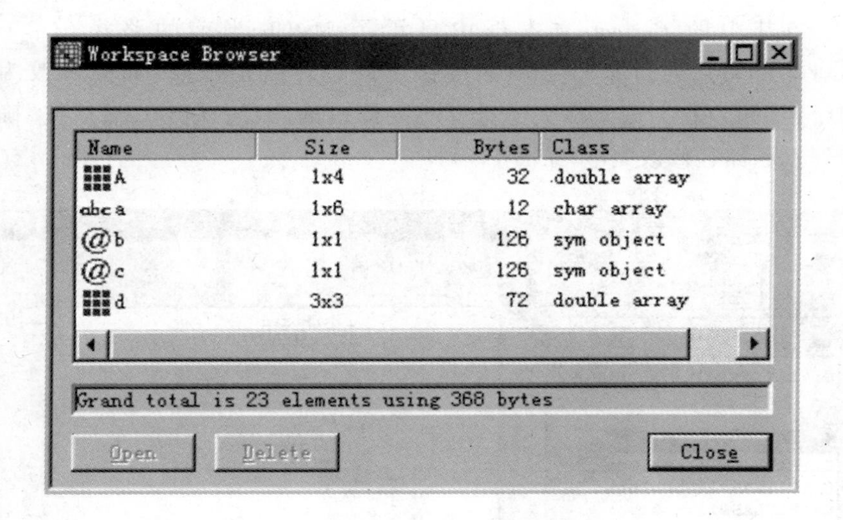


图 1.5　Matlab 的工作区浏览器

(3)路径操作

单击 File | Set path 命令,就可以打开编辑路径的对话框(图 1.6),进行 Path 的各种操作,如增加与删除路径,并可对路径进行管理与浏览。

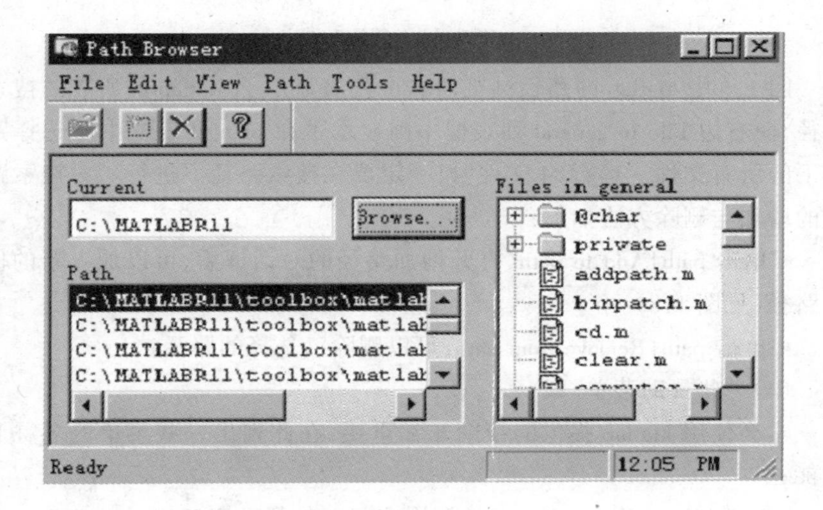


图 1.6　Matlab 的路径浏览器

在其中的 Current 文本框中显示了 Matlab 当前的路径（C:\MATLABR11），通过单击 Browse 按钮可以进行路径修改〔如要修改为“D:\”，可以在浏览文件夹中选择想要修改的路径（D:\），然后按“确定”按钮，路径修改完毕（见图 1.7）〕。

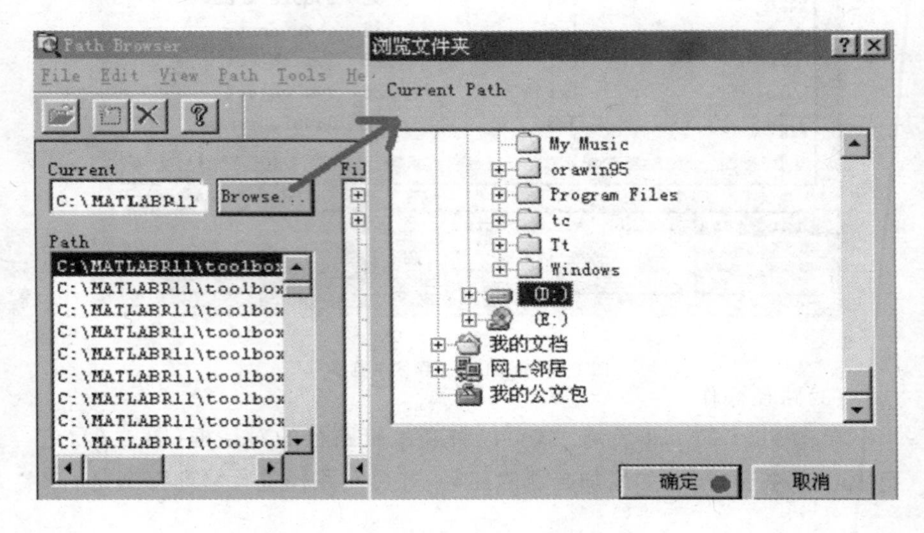


图 1.7　修改当前的路径为“D:\”

图 1.6 中 Matlab 的路径浏览器 path 列表显示了 Matlab 的所有的搜索路径，而右边 File in general 列表框中则显示了在 path 列表框中所选择路径下的所有文件。运行 M 文件时，一定要在搜索路径下进行。对搜索路径的增加与删除方法如下：

- 单击 path|Add to path，打开增加路径的对话框后，可以加入新的搜索路径（见图 1.8）。
- 单击 path|Remove from path，可以删除已选择的路径。

(4)一些帮助菜单

学会使用 Matlab 提供的帮助非常重要，在此列出一些菜单的名称和功能：

- Help|Help window　　调用 Matlab 的帮助窗口
- Help|Help tips　　显示 Matlab 的帮助技巧

- Help | Help Disk(HTML)　显示 Matlab 超文本格式的帮助桌面
- Help | Examples and demos　Matlab 的示例与显示
- Help | About Matlab　关于 Matlab 的版本信息

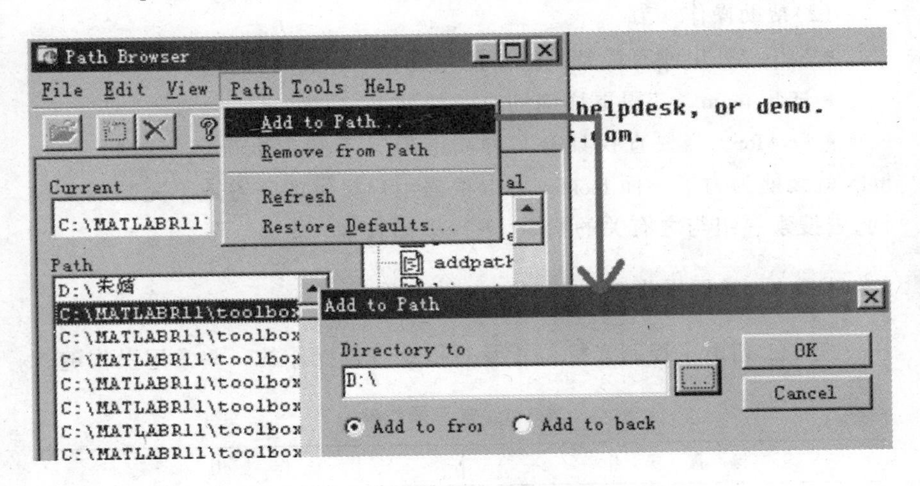


图 1.8　向搜索路径中增加新的路径“D:\”

### 1.2.2　常用命令

(1)列出当前空间中的变量

- Who　将内存中的当前变量以简单形式列出；
- Whos　列出当前内存变量的名称、大小、类型等信息；
- Clear　清除内存中的所有变量与函数。

**例 1**　who↙

Your variables are:

A　　ans　　c　　a　　b　　d

whos ↙

| Name | Size | Bytes | Class |
|---|---|---|---|
| A | 1×4 | 32 | double array |
| a | 1×6 | 48 | double array |
| ans | 1×1 | 8 | double array |

```
b        1×1        126    sym object
c        1×1        126    sym object
d        3×3         72    double array
```

(2)帮助操作

- help　列出所有最基础的帮助主题；
- Help topic　获得更详细的专题帮助；
- Lookfor　当要查找具有某种功能但又不知道准确名字的指令时，help 就无能为力了。而 lookfor 可以根据用户提供的完整或不完整的关键词，去搜索一组与之有关的指令，进行模糊查询。

### 1.2.3　常用操作键

表 1.1 列出了控制光标位置及对指令进行操作的一些常用操作键。

表 1.1　常用操作键

| 键盘操作 | | 作用 |
|---|---|---|
| ↑ | Ctrl + p | 调用前一个命令行 |
| ↓ | Ctrl + n | 调用后一个命令行 |
| ← | Ctrl + b | 光标左移一个字符 |
| → | Ctrl + f | 光标右移一个字符 |
| Ctrl + → | Ctrl + r | 光标左移一个单词 |
| Ctrl + ← | Ctrl + l | 光标右移一个单词 |
| Home | Ctrl + a | 光标移至行首 |
| End | Ctrl + e | 光标移至行尾 |
| Esc | Ctrl + u | 清除当前行 |
| Del | Ctrl + d | 清除光标所在位置后的字符 |
| Backspace | Ctrl + h | 清除光标所在位置前的字符 |
| | Ctrl + k | 删至行尾 |

## 1.3　Matlab 的变量与表达式

变量与表达式是使用 Matlab 的基础，在这一小节里简单介绍 Matlab 中的变量、表达式的定义与使用以及数据的显示格式。

### 1.3.1　Matlab 的变量

计算机是通过变量的名字找到该变量在内存中位置的。Matlab 的变量名除定义的保留字以外,可以用一个字母打头,后面最多跟 19 个字母或数字来定义,如 x,y,ae3,d3er45 都是合法的变量名。变量名不能以数字开头的字符串来表示。应该注意不要与 Matlab 中的内部函数或命令相混淆。Matlab 中的变量名是区分大小写字母的,如在 Matlab 中,ab 与 Ab 表示两个不同的变量。

与其他计算机语言不同的是,在 Matlab 中变量使用前不必先定义变量类型,可以即取即用,这可以给我们使用 Matlab 带来很大方便。但是,如果使用与原来定义的变量一样的名字来赋值,原变量就会被自动覆盖,系统不会给出出错信息。使用变量时要自觉地避免重复。

### 1.3.2　Matlab 的运算符

- 数学运算符: + (加号), - (减号), * (乘号), \ (左除), / (右除), ^ (乘幂)
- 关系运算符: < (小于), > (大于), < = (小于等于), > = (大于等于), = = (等于), ~ = (不等于)
- 逻辑运算符: &(逻辑与运算), |(逻辑或运算), ~(逻辑非运算)

### 1.3.3　Matlab 的表达式

Matlab 采用的是表达式语言,用户输入的语句由 Matlab 系统解释运行。Matlab 语句由变量与表达式组成的。Matlab 语句有 2 种最常见的形式:

- 形式 1:表达式
- 形式 2:变量 = 表达式

表达式由运算符、函数、变量名和数字组成。在第一种形式中,表达式运算后产生的结果如果为数值类型,系统自动赋值给变量 ans,并显示在屏幕上,但是对于重要结果一定要用第二种形式。在第二种形式中,对等式右边表达式产生的结果,系统自动将其存储在左边的变量中并同时在屏幕上显示。如果不想显示形式 1 或形式 2 的运算结果可以在命令中表达式后再加“;”即可。

**例 1**　用两种形式计算 $5^6+\sin\pi+e^3$ 算术运算结果。

**解**　Matlab 命令为

形式 1:

```
5^6 + sin(pi) + exp(3) ↙
ans =
    1.5645e + 004
```

形式 2:

```
a = 5^6 + sin(pi) + exp(3) ↙
  a =
      1.5645e + 004
```

如果在表达式的后面加“;”,即

```
a = 5^6 + sin(pi) + exp(3);↙
```

则执行后不显示运算结果:

“a =
　1.5645e + 004”

**例 2**　已知矩阵 $A=\begin{pmatrix}1 & 2\\ 1 & 2\end{pmatrix}$, $B=\begin{pmatrix}1 & 1\\ 2 & 2\end{pmatrix}$,对它们做简单的关系与逻辑运算。

**解**　Matlab 命令为

```
A = [1,2;1,2];↙
B = [1,1;2,2];↙
C = (A < B)&(A = = B)↙
C =
     0     0
     0     0
```

### 1.3.4　Matlab 的数据显示格式

虽然在 Matlab 系统中数据的存储和计算都是双精度进行的,但 Matlab 可以利用菜单或 Format 命令来调整数据的显示格式。Format 命令的格式和作用如下：

| | |
|---|---|
| Format \| format short | 5 位定点表示 |
| Format long | 15 位定点表示 |
| Format short e | 5 位浮点表示 |
| Format long e | 15 位浮点表示 |
| Format short g | 系统选择 5 位定点和 5 位浮点中更好的表示 |
| Format long g | 系统选择 15 位定点和 15 位浮点中更好的表示 |
| Format rat | 近似的有理数的表示 |
| Format hex | 十六进制的表示 |
| Format +（plus） | 表示大矩阵式分别用 +、- 和空格表示矩阵中的正数、负数和零 |
| Format bank | 用元、角、分(美制)定点表示 |
| Format compact | 变量之间没有空行 |
| Format loose | 变量之间有空行 |

**例 3**　对数 $a = 5 + \sin 7$ 用五位定点、十五位定点以及有理数形式表示出来。

**解**　Matlab 命令为

```
a = 5 + sin(7)format short, a↙
a =
    5.6570
format rat, a↙
a =
   3117/551
format long, a↙
a =
   5.65698659871879
```

我们不仅可以用指令来调整数据的显示格式，还可以用菜单来调整数据的显示格式，具体方法为：在 Matlab 命令窗口单击 File | Preferences 调出显示格式的设置界面（见图 1.9），然后在图中左边的选项组（Numeric

Format)中选择需要的格式即可。

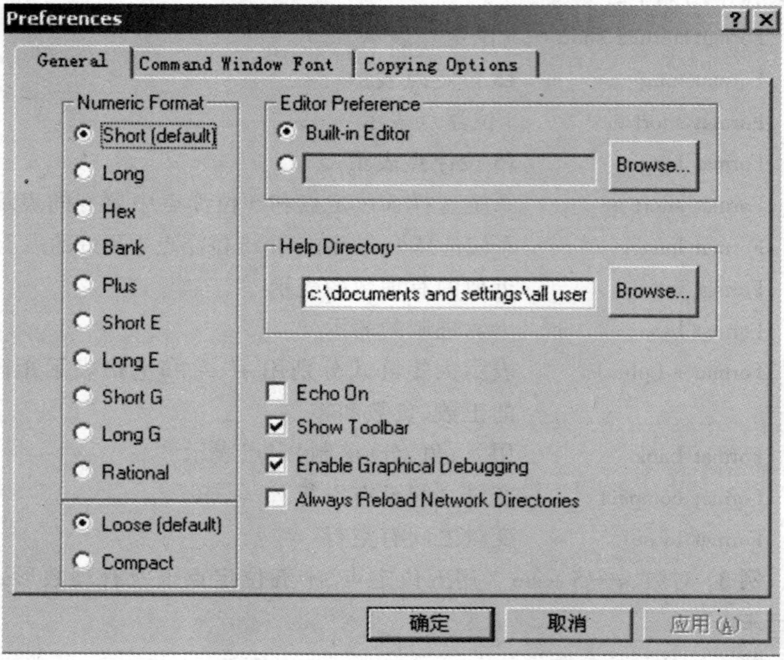

图 1.9　显示格式的设置

## 1.4　Matlab 中的常用函数

Matlab 有很丰富的内部函数,它们是 Matlab 系统自带的函数。内部函数既有数学中常用的函数,又有工程中用的特殊函数。内部函数名一般使用数学中的英文单词,只要输入相应的函数名,就可以方便地调用这些函数。用户不仅可以调用内部函数,还可以定义自己的 M 函数,Matlab 提供了建立 M 函数的功能(见 1.6 节)。自定义的函数与内部函数的使用完全一样。

Matlab 的常用内部函数见附录 1。

# 1.5　Matlab 的基本对象

Matlab 最基本的处理对象是矩阵、数组与字符串。

## 1.5.1　矩　　阵

Matlab 的基本单位是矩阵,可见矩阵是 Matlab 的精髓。掌握矩阵的输入、各种数值运算以及矩阵函数的使用是以后能否学好 Matlab 的关键。

(1)矩阵的输入

矩阵的输入主要有三种方式。第一种是直接输入,这是一种最方便、最直接的方法,它适用的对象是维数较少的矩阵;第二种是利用矩阵编辑器来输入矩阵,它适宜于维数较大的矩阵;第三种是利用矩阵函数来创建特殊矩阵。

①直接输入创建矩阵

输入方法是先键入左方括弧“[”,然后按行直接键入矩阵的所有元素,最后键入右方括弧“]”。注意:整个矩阵以“[”和“]”作为首尾,同行的元素用“,”或空格隔开,不同行的元素用“;”或按 Enter 键来分隔;矩阵的元素可以为数字也可以为表达式,如果进行的是数值计算,表达式中不可包含未知的变量。

**例 1**　直接输入创建矩阵 $\boldsymbol{A}=\begin{pmatrix}1 & 2 & 3\\4 & 15 & 60\\7 & 8 & 9\end{pmatrix}$。

**解**　Matlab 命令为

```
A=[1,2,3;4,15,60;7,8,9]↙
A =
    1     2     3
    4    15    60
    7     8     9
```

或用 Matlab 命令

```
A=[1,2,3↙
```

4,15,66↙

7,8,9]↙

A =

| 1 | 2 | 3 |
|---|---|---|
| 4 | 15 | 60 |
| 7 | 8 | 9 |

**例 2** 求 $\boldsymbol{c}=(1\times2,2e^4,\sin 4,\cos 6)$的算术运算结果。

**解** Matlab 命令为

```
c = [1 * 2,2 * exp(4),sin(4),cos(6)]↙
c =
    2.0000   109.1963   -0.7568   0.9602
```

②用矩阵编辑器(图 1.10)来创建、修改矩阵

当输入的矩阵较大,不适合用手工直接输入时,可用矩阵编辑器来进行输入与修改,但需注意,在调用编辑器前须定义一个变量,无论是一个数值还是一个矩阵均可。

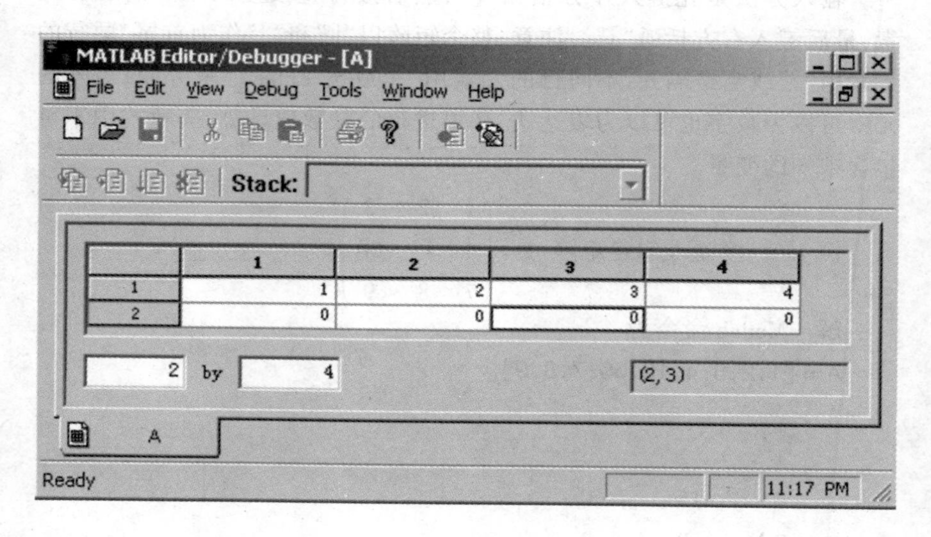


图 1.10 矩阵编辑器

操作步骤如下:

- 在命令窗口创建变量 A。
- 双击命令窗口快速工具栏中的工作区浏览器(见图 1.5),选中变量 A 就可以对变量 A 做删除与修改操作。
- 双击左键或单击 Open 按钮打开矩阵编辑器。
- 在矩阵编辑器的左下方的 2 个文本框(由 by 连接在一起)中可以修改矩阵的维数,这个维数值可以根据用户的要求去调整。图中设置 A 的维数为 2×4。
- 选中元素可以直接修改元素的值,修改完毕后就按下界面右上角的关闭按钮,这时变量就定义保存好了。

矩阵编辑器可以方便地"裁剪"和"扩展"矩阵,对于扩展的部分系统自动设置对应的元素为零。

③用矩阵函数来生成矩阵

Matlab 提供了大量的函数来创建一些特殊的矩阵,详见附录 1。

**例 3**　输入矩阵 $\begin{pmatrix} 1 & 1 & 1 \\ 1 & 1 & 1 \\ 1 & 1 & 1 \end{pmatrix}$。

**解**　Matlab 命令为

```
ones(3)↙             %生成元素都为 1 的 3 阶方阵
ans =
     1     1     1
     1     1     1
     1     1     1
```

**例 4**　输入矩阵 $\begin{pmatrix} 0 & 0 & 0 & 0 & 0 \\ 0 & 0 & 0 & 0 & 0 \end{pmatrix}$。

**解**　Matlab 命令为

```
zeros(2,5)↙          %生成元素都为 0 的 2 行 5 列零矩阵
ans =
     0     0     0     0     0
     0     0     0     0     0
```

**例 5**　生成 3 阶魔方矩阵。

**解**　Matlab 命令为

```
magic(3)↙
ans =
     8     1     6
     3     5     7
     4     9     2
```

**例 6**　生成服从 $N(0,1)$ 正态分布的 1 行 4 列矩阵。

**解**　Matlab 命令为

```
randn(1,4)↙
ans =
   -1.1465    1.1909    1.1892   -0.0376
```

**例 7**　输入矩阵 $\begin{pmatrix}1&0&0\\0&2&0\\0&0&3\end{pmatrix}$。

**解**　Matlab 命令为

```
diag([1,2,3])↙          %生成对角矩阵
ans =
     1     0     0
     0     2     0
     0     0     3
```

**例 8**　生成三对角矩阵 $\begin{pmatrix}b&a&0&0&0&0\\c&b&a&0&0&0\\0&c&b&a&0&0\\0&0&c&b&a&0\\0&0&0&c&b&a\\0&0&0&0&c&b\end{pmatrix}$。

**解**　Matlab 命令为

```
syms a b c↙
v1 = b * ones(1,6);↙
v2 = [a a a a a];↙
v3 = [c c c c c];↙
```

```
diag(v1,0) + diag(v2,1) + diag(v3,-1)↙
ans =
    [b,a,0,0,0,0]
    [c,b,a,0,0,0]
    [0,c,b,a,0,0]
    [0,0,c,b,a,0]
    [0,0,0,c,b,a]
    [0,0,0,0,c,b]
```

(2)操作符“:”的说明

- j:k 表示步长为1的等差数列构成的数组:[j,j+1,j+2,…,k];
- j:i:k 表示步长为i的等差数列构成的数组:[j,j+i,j+2*i,…,k];
- A(i:j) 表示A(i),A(i+1),…,A(j)。

**例9** 操作符冒号“:”的应用。

**解** Matlab命令为

```
1:5↙                    %步长为1的等差数列
ans =
    1    2    3    4    5
1:2:7↙                  %步长为2的等差数列
ans =
    1    3    5    7
8:-2:0↙                 %步长为-2的等差、递减数列
ans =
    8    6    4    2    0
```

(3)矩阵的修改

如果 $A$ 是一个矩阵,则在Matlab中用如下符号表示它的元素:

- A(i,j) 表示矩阵 $A$ 的第 $i$ 行第 $j$ 列元素。
- A(:,j) 表示矩阵 $A$ 的第 $j$ 列。
- A(i,:) 表示矩阵 $A$ 的第 $i$ 行。
- A(:,:) 表示 $A$ 的所有元素构造2维矩阵。
- A(:) 表示以矩阵 $A$ 的所有元素做成的一个列矩阵。该列矩阵

的形式为：

若矩阵 $\boldsymbol{A}$ 是 $m$ 行 $n$ 列矩阵，则 A(:)为矩阵

$$[A(1,1),A(2,1),\cdots,A(m,1),A(1,2),A(2,2),\cdots,A(m,2),A(1,n),A(2,n),\cdots,A(m,n)]$$

的转置矩阵。

- A(i)　表示矩阵 $\boldsymbol{A}$(:)的第 $i$ 个元素。
- [ ]　表示空矩阵。

利用上述符号可以达到对矩阵元素和矩阵本身操作的目的。

①元素的抽取与赋值

**例 10**　已知矩阵 $\boldsymbol{A}=\begin{pmatrix} 1 & 23 & 56 \\ \sin 3 & 7 & 9 \\ \ln 2 & 6 & 1 \end{pmatrix}$，抽取与修改矩阵 $\boldsymbol{A}$ 的一些元素。

**解**　Matlab 命令为

```
A=[1 23 56;sin(3) 7 9;log(2) 6 1]↙      %输入矩阵 A
A =
    1.0000    23.0000    56.0000
    0.1411     7.0000     9.0000
    0.6931     6.0000     1.0000
A(2,3)↙        %求矩阵 A 的第二行第三列元素
ans =
    9
A(4)↙          %求矩阵 A 的第四个元素
ans =
    23
A(2:4)↙        %取矩阵 A 的 A(2),A(3),A(4)
ans =
    0.1411    0.6931    23.0000
A(1,:)↙         %取矩阵 A 的第一行
ans =
```

```
    1      23      56
A(:,3)↙             %取矩阵 A 的第三列
ans =
    56
     9
     1
a = A(1,3)↙         %把矩阵 A 的第一行第三列元素赋值给变量 a
a =
    56
A(2,1) = 100↙       %把矩阵 A 的第二行第一列元素修改为 100
A =
    1.0000      23.0000      56.0000
    100.0000    7.0000       9.0000
    0.6931      6.0000       1.0000
```

②矩阵的扩充

**例 11**　已知矩阵 $\boldsymbol{A}=\begin{pmatrix}1 & 3\\6 & 9\end{pmatrix}$，$\boldsymbol{B}=\begin{pmatrix}1 & 5\\0 & 8\end{pmatrix}$，利用 $\boldsymbol{A}$ 与 $\boldsymbol{B}$ 生成矩阵 $\boldsymbol{C}=\left(\begin{array}{cc:c}1 & 3 & 100\\6 & 9 & 0\end{array}\right)$，$\boldsymbol{D}=(\boldsymbol{A}\quad\boldsymbol{B})$，$\boldsymbol{AA}=\begin{pmatrix}\boldsymbol{A} & \boldsymbol{0}\\\boldsymbol{0} & \boldsymbol{B}\end{pmatrix}$。

**解**　Matlab 命令为

```
A = [1,3;6,9];                %输入矩阵 A
C = A↙
C(1,3) = 100;                 %把矩阵 A 扩充为 1 行 3 列矩阵
C↙
C =
    1     3     100
    6     9       0
B = [1,5;0,8];↙               %输入矩阵 B
D = [A,B]   ↙                 %由矩阵 A 与 B 合成矩阵 D
D =
```

```
     1    3    1    5
     6    9    0    8
AA = [A,zeros(2);zeros(2),B]↙ %由矩阵 A 与 B 合成分块矩阵 AA
AA =
   1    3    0    0
   6    9    0    0
   0    0    1    5
   0    0    0    8
```

③矩阵的部分删除

**例 12** 已知矩阵 $A = \begin{pmatrix} 1 & 23 & 56 \\ \sin 3 & 7 & 9 \\ \ln 2 & 6 & 1 \end{pmatrix}$,删除矩阵 $A$ 的第一行。

**解** Matlab 命令为

```
A = [1 23 56;sin(3) 7 9;log(2) 6 1];↙
A(1,:) = []↙        %删除矩阵 A 的第一行
A =
    0.1411    7.0000    9.0000
    0.6931    6.0000    1.0000
```

(3)矩阵的简单运算

加法:+;减法:-;乘法:* ;左除:\ ;右除:/ ;乘幂:^;$A$ 的转置:transpose(A)或 A′;数 $k$ 乘以 $A$:k * A;$A$ 的行列式:det(A);$A$ 的秩:rank(A);求 $A$ 的逆:inv(A)或$(A)^{-1}$。本书将在第 5 章中对这些运算作详细介绍。

### 1.5.2 数　　组

在 Matlab 中数组就是一行或者一列的矩阵,所以前边介绍的矩阵的输入与修改保存都适用于数组,同时 Matlab 还提供了一些创建数组的特殊指令。

● 命令形式 1:linspace(a,b,n)

功能:把区间$[a,b]$等分成 $n$ 个数据。即把区间$[a,b]$做 $n-1$ 等分,公差为$\dfrac{b-a}{n-1}$。

- 命令形式2:logspace(a,b,n)

功能:在区间$[10^a,10^b]$上创建一个包含$n$个数据的等比数列。公比为$10^{\frac{b-a}{n-1}}$。

**例13**　linspace(0,1,6)↙　%把区间[0,1]等分成5等分,6个数据点,公差为0.2。

```
ans =
     0    0.2000    0.4000    0.6000    0.8000    1.0000
```

logspace(0,1,6)↙　%在区间$[10^0,10^1]$上创建一个包含6个数据的等比数列,公比为$10^{0.2}$。

```
ans =
    1.0000    1.5849    2.5119    3.9811    6.3096    10.0000
```

(4)数组运算

数组的运算除了作为$1\times n$的矩阵应遵循矩阵的运算规则外,Matlab中还为数组提供了一些特殊的运算:乘法为.*,左除为.\,右除为./,乘幂为.^。

设数组$\alpha=[a_1,a_2,\cdots,a_n]$,$\beta=[b_1,b_2,\cdots,b_n]$,则对应的运算具体为:

$\alpha\pm\beta=[a_1\pm b_1,a_2\pm b_2,\cdots,a_n\pm b_n]$

$\alpha.*\beta=[a_1b_1,a_2b_2,\cdots,a_nb_n]$

$\alpha.\hat{}\,k=[a_1^k,a_2^k,\cdots,a_n^k]$

$\alpha./\beta=\left[\frac{a_1}{b_1},\frac{a_2}{b_2},\cdots,\frac{a_n}{b_n}\right]$

$\alpha.\backslash\beta=\left[\frac{b_1}{a_1},\frac{b_2}{a_2},\cdots,\frac{b_n}{a_n}\right]$

$f(\alpha)=[f(a_1),f(a_2),\cdots,f(a_n)]$,其中函数$f(x)$是标量函数。

常用的标量函数有:sin(x),cos(x),tan(x),cot(x),sec(x),csc(x),asin(x),acos(x),atan(x),acot(x),sqrt(x),exp(x),log(x),log10(x),abs(x),round(x),sign(x),rats(x)(有理逼近)。

**例14**　数组运算例题。

a=1:5↙　%定义数组$a$

```
a =
```

```
    1         2         3         4         5
b=3:2:11↙          %定义数组 b
b =
    3         5         7         9         11
a.^2↙              %数组 a 的每一个元素求平方
ans =
    1         4         9         16        25
a.*b↙              %数组 a 的每一个元素乘以数组 b 的对应元素
ans =
    3         10        21        36        55
```

**例 15** 计算 $\sin\left(k\frac{\pi}{2}\right)$($k=\pm 2,\pm 1,0$)的值。

**解** Matlab 命令为

```
x=-pi:pi/2:pi;↙          %定义自变量 x
y=sin(x)↙                %求自变量 x 的每一个元素对应的正弦值
y =
    -0.0000     -1.0000     0     1.0000     0.0000
```

可以看出,数组运算是对应元素的运算。

### 1.5.3 字 符 串

虽然 Matlab 注重的是矩阵的计算与处理,但是处理字符串的功能还是非常强大的。在 Matlab 中,字符串用单引号' '括起的一串字符表示,如'asd','2 + 3','sin(x)'等都是字符串,即任何内容一经用单引号' '括起,就成为字符串。注意:字符串不能用双引号" "代替单引号' '。

(1)字符串的输入

字符串通常赋值给变量,这样可以使字符串处理变得简单。

字符串变量 s 的定义命令为

s = '字符串'

字符串矩阵 SA 的定义命令为

SA = ['字符串 1', '字符串 2',…]

注意:字符串矩阵的每一行字符串元素的个数可以不同,但是每行字符的总数必须相同,否则系统出错。

**例 16**　s = 'hello my dear friends'↙　　%定义 s 为字符串变量

```
s =
  hello my dear friends
SA = ['hello';'world']↙                %定义 SA 为字符串矩阵
SA =
    hello
    world
```

(2)将字符串表达式作为命令执行

● 命令形式:a = eval('字符串表达式')

功能:此函数返回由字符串表达式执行的结果,也就是求字符串表达式的值。这个函数在 M 文件中进行交互式执行命令时很有用。

**例 17**　a = '[1,2;3,4]'↙　　%定义 $a$ 为字符串变量。

```
a =                          %输出 a 为 1 行 9 列的字符串。
    [1,2;3,4]
b = eval(a)↙                 %求字符串表达式 a = '[1,2;3,4]'的值
b =
    1     2
    3     4
```

若 a1.m 为 M 文件,则"s = 'a1';↙eval(s)↙"表示执行 M 文件 a1.m。

**例 18**　s = '1/(i + j - 1)';

```
for i = 1:3
    for j = 1:3
        A(i,j) = eval(s);
    end
end
A
A =
    1.0000      0.5000      0.3333
```

```
    0.5000    0.3333    0.2500
    0.3333    0.2500    0.2000
```

生成一个三阶 Hilber 矩阵。

## 1.6 M 文件与 M 函数

Matlab 有两种常用的工作方式:一种是直接交互的指令行操作方式;另一种是 M 文件的编程工作方式。在前一种工作方式下,Matlab 被当作一种高级的"数学演算和图形器";在后一种工作方式下,M 文件类似于其他的高级语言,是一种程序化的编程语言。但 M 文件又有其自身的特点,是一种简单的 ACSII 码文本文件,语法比一般的高级语言要简单,程序容易调试,交互性强。

Matlab 的 M 程序是注重于数学计算的一门编程语言,直接采用矩阵作为基本的运算单位,所以简单易学,而且容易维护。另外,Matlab 是用 C 语言编写而成,故熟悉 C 语言就更容易学习 Matlab。

M 文件有两种形式,一是命令文件,或称脚本文件;另一种是 M 函数文件,它们都是由若干 Matlab 语句或命令组成的文件。两种文件的扩展名都是.m。要注意的是 M 文件名一定以字母开头,而且最好不要与内置函数重名。

在 M 文件中,当表达式后面接分号时,表达式的计算结果虽不显示但中间结果仍保存在内存中。若程序为命令文件,则程序执行完以后,中间变量仍予以保留;若程序为函数文件,则程序执行完以后,中间变量被全部删除。

### 1.6.1 命令文件

当用户要运行的指令较多时,直接从键盘上逐行输入指令比较麻烦,而命令文件可以较好地解决这一问题。用户可以将一组相关指令编辑在同一个 ASCII 码命令文件中,运行时只需输入文件名字,Matlab 就会自动按顺序执行文件中的命令。

命令文件的一般形式为:

<M 文件名>.m

如 a1.m, pp.m 等都是合法的 M 文件名。

M 文件有两种运行方式:一是在命令窗口直接写文件名,按 Enter 键;二是在编辑窗口打开菜单 Tools,再单击 Run。M 文件保存的路径一定要在搜索路径上,否则 M 文件不能运行。

注意:下面的例题中如果不做特别说明,都是以第一种方式运行的,即在命令窗口输入文件名,再按 Enter 键即可。

**例 1**　用 M 命令文件画出衰减振荡曲线 $y = e^{-\frac{t}{3}}\sin 3t$ 及其他的包络线 $y_0 = e^{-\frac{t}{3}}$。$t$ 的取值范围是$[0,4\pi]$。

**解**　步骤如下:

①打开 Matlab 命令窗口,单击 File|New|Mfile(见图 1.3),打开编辑窗口。

②在编辑窗口逐行写下列语句:

```
t=0:pi/50:4*pi;
y0=exp(-t/3);
y=exp(-t/3).*sin(3*t);
plot(t,y,'-r',t,y0,':b',t,-y0,':b')
```

③保存 M 文件,并且保存在搜索路径上,文件名为 a1.m。

④运行 M 文件。在命令窗口写 a1,并按 Enter 键,或者在编辑窗口打开菜单 Tools,再选择 Run。在 Figure 图形窗口出现图 1.11。

M 命令文件中的语句可以访问 Matlab 工作空间中的所有变量与数据,同时 M 命令文件中的所有变量都是全局变量,可以被其他的命令文件与函数文件访问,并且这些全局变量一直保存在内存中,可以用 clear 来清除这些全局变量。

### 1.6.2　函数文件

如果 M 文件的第一行包含关键字 Function,此文件就是 M 函数文件。每一个 M 函数文件都定义为一个函数。M 函数文件实际是 Matlab 的一个子函数,其作用与其他高级语言的子函数基本相同,都是为了方便实现

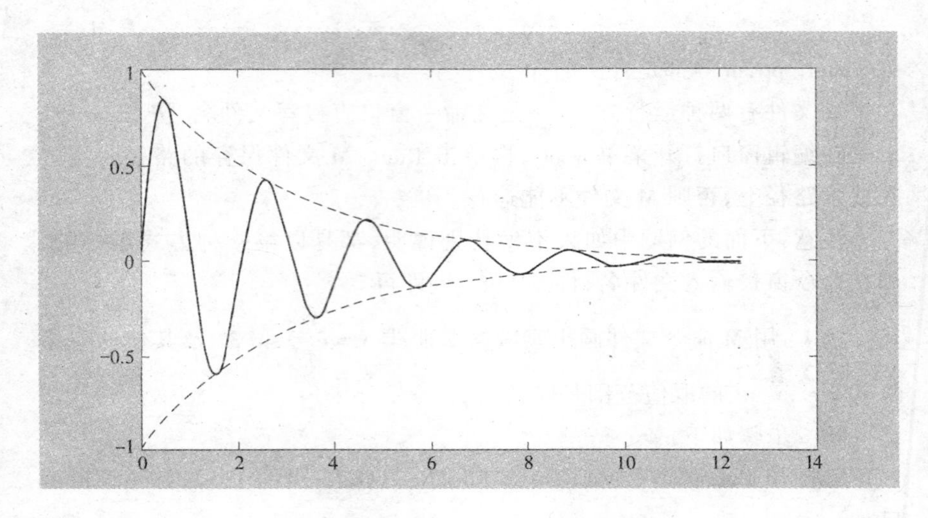

图 1.11 衰减振荡曲线与包络

功能而定义的。

M 函数文件的一般形式为:

function ＜因变量＞ = ＜函数名＞(＜自变量＞)

函数文件与命令文件的主要区别在于:函数文件一般都要带参数,都要有返回结果,而命令文件没有参数与返回结果;函数文件的变量是局部变量,运行期间有效,运行完毕就自动被清除,而命令文件的变量是全局变量,执行完毕后仍被保存在内存中;函数文件要定义函数名,且保存该函数文件的文件名必须是函数名.m。

M 函数文件可以有多个因变量和多个自变量,当有多个因变量时用“[”“]”括起来。为了更好的理解函数文件,请看下例:

**例 2** 设可逆方阵为 $\boldsymbol{A}$,编写同时求 $|\boldsymbol{A}|, \boldsymbol{A}^2, \boldsymbol{A}^{-1}, \boldsymbol{A}'$ 的 M 函数文件。

**解** 步骤如下:

①打开 Matlab 命令窗口,单击 File|New|Mfile(见图 1.3),打开编辑窗口;

②在编辑窗口逐行写下列语句;

```
function [da,a2,inva,traa] = comp4(x)
```

```
%M 函数文件 comp4.m 同时求矩阵 x 的四个值
%da 为矩阵 x 的行列式
%a2 为矩阵 x 的平方
%inva 为矩阵 x 的逆矩阵
%traa 为矩阵 x 的转置
da = det(x)
a2 = x^2
inva = inv(x)
traa = x'
```

③保存 M 函数文件,并且保存在搜索路径上,文件名为 comp4.m;

④命令窗口执行下列语句:

```
A = [1,2;5,8];↙                 %输入矩阵 A
comp4(A)↙                       %调用 comp4.m 函数计算矩阵 A 的
                                  |A|,A^2,A^-1,A'

da =

    -2

a2 =

    11    18
    45    74

inva =

    -4.0000     1.0000
     2.5000    -0.5000

traa =

     1     5
     2     8
```

说明:①第一行执行命令的作用是指明该 M 文件为 M 函数文件。其中自变量为 x,因变量为 da,a2,inva,traa,因为是多个因变量故用[]括起来,comp4 是函数名。自变量与因变量既可以是数值,也可以是字符串。

②变量 x 对于 M 函数文件 comp4.m 是局部变量,当函数调用结束后,变量 x 不再存在。

③在 M 文件前面，连续几行带符号“%”的注释行有两个作用：一是随 M 文件全部显示与打印时，直接起解释提示作用；二是供 Help 指令与 lookfor 指令联机查询用。

**例 3**　在线查询例 2 的函数 comp4.m 的使用说明。

**解**　①在命令窗口运行 help 指令，可得到帮助信息：

```
help comp4↙
同时求矩阵的四个值
da 为矩阵 x 的行列式
a2 为矩阵 x 的平方
inva 为矩阵 x 的逆矩阵
traa 为矩阵 x 的转置
```

②利用 lookfor 指令对关键字进行搜索，获取帮助信息：

```
lookfor comp4↙
comp4.m:                % M 函数文件 comp4.m 同时求矩阵 x 的四个值
```

# 1.7　程序结构

从理论上讲，只要有顺序、循环与分支 3 种结构，就可以构造功能强大的程序。与大多数计算机语言一样，Matlab 已有设计程序所必需的程序结构：顺序结构、循环结构、分支结构。Matlab 虽然不像 C 语言那样具有丰富的控制结构，但是 Matlab 自身的强大功能能弥补这些不足，使用户在编程时几乎感觉不到困难。Matlab 语言是一种完善易用的高水平矩阵编程语言。

在 Matlab 语言中，循环由 while 和 for 语句来实现，分支结构由 if 语句来实现。

## 1.7.1　顺序结构

在具有顺序结构的可执行文件中，其中的语句在程序文件中的物理位置就反映了程序的执行顺序。

**例 1**　建立一个文件名为 exam11.m 的顺序文件。

**解** 步骤如下：

①打开 Matlab 命令窗口，单击 File|New|Mfile(见图 1.3)，打开编辑窗口；

②在编辑窗口逐行写下列语句：

```
%一个典型的顺序文件
disp('请看执行结果:')
disp('the begin of the program')
disp('the first line')
disp('the second line')
disp('the third line')
disp('the end of the program')
```

③保存 M 文件，并且保存在搜索路径上，文件名为 exam11.m；

④运行 M 文件。

```
exam11↙
请看执行结果:
the begin of the program
the first line
the second line
the third line
the end of the program
```

说明：disp(x) 函数显示字符串、字符串矩阵、数值矩阵等。在显示一个内容时，其结果与在命令行直接输入变量名所得的结果基本相同，但并不显示变量名。

### 1.7.2 循环结构

循环是计算机解决问题的主要手段，许多实际问题都包含有规律的重复计算和对某些语句的重复执行。循环结构中，被循环执行的那一组语句就是循环体，每个循环语句都要有循环条件，以判断是否要继续进行下去。Matlab 的循环语句主要有 for-end 语句和 while-end 语句。

(1)for-end 循环控制

for 循环将循环体中的语句执行给定的次数,循环的次数一般情况下是已知的,除非用其他的语句来结束循环。

for 循环的语法是:

```
for i = 表达式
   可执行语句 1
   ……
   可执行语句 n
end
```

说明:①表达式是一个向量,可以是 m:n,m:s:n,也可以是字符串、字符串矩阵等。

②for 循环的循环体中,可以多次嵌套 for 和其他的结构体。

**例 2** 利用 for 循环求 1~100 的整数之和。

**解** ①建立命令文件 exam12.m

```
%利用 for 循环求 1~100 的整数之和
sum = 0;
for i = 1:100
     sum = sum + i;             %循环体
end
sum
```

②执行命令文件 exam12.m

```
exam12↙
sum =
      5050
```

**例 3** 利用 for 循环找出 100~200 之间的所有素数。

**解** ①建立命令文件 exam13.m

```
%利用 for 循环找出 100~200 之间的所有素数
disp('100~200 之间的所有素数为:')
for m = 100:200
   k = fix(sqrt(m));          %求 m 的算术平方根然后取整
   for i = 2:k + 1
```

```
        if rem(m,i) = =0      %求整数 m 与 i 的余数
            break;
        end
    end
    if i> =k+1
        disp(int2str(m))      %以字符串的形式显示素数
    end
end
```

②执行命令文件 exam13.m

```
exam13↙
100~200之间的所有素数为:
101  103  107  109  113  127  131  137  139  149  151  157
163  167  173  179  181  191  193  197  199
```

说明:break 语句能在 for 循环和 while 循环中退出循环,继续执行循环后面的命令。

(2)while-end 循环控制

while 循环将循环体中的语句循环执行不定次数。

基本语法是:

```
while 表达式
    循环体语句
end
```

说明:表达式一般是由逻辑运算和关系运算以及一般的运算组成的表达式,以判断循环要继续进行还是要停止循环。只要表达式的值非零,即逻辑为"真",程序就继续循环,只要表达式的值为零就停止循环。while 循环与 for 循环是可以转化的。

**例4** 利用 while 循环来计算 1!+2!+…+50!的值。

**解** ①建立命令文件 exam14.m

```
%利用 while 循环来计算 1!+2!+…+50!的值
sum=0;
i=1;
```

```
while i < 51
  prd = 1;
  j = 1;
  while j < = i
    prd = prd * j;       % 求数 i 的阶乘
    j = j + 1;
  end
  sum = sum + prd;
  i = i + 1;
end
disp('1! + 2! + … + 50!的和为:')
sum
```

②执行命令文件 exam14.m

```
exam14↙
1! + 2! + … + 50!的和为:
sum =
      2.5613e + 018
```

### 1.7.3　分支结构

在计算中通常遇到要根据不同的条件来执行不同的语句情况，当某些条件语句满足时只执行其中的某一条或某几条命令，这种情况下就要用到分支结构。Matlab 提供了两种分支结构，一种是 if-else-end 语句；另一种是 switch-case-end 语句。两者各有特点，下面分别介绍。

(1) if-else-end 分支结构

此分支结构一般有 3 种形式：

```
①if　表达式
      执行语句
  end
```

功能：如果表达式的值为真，就执行语句，否则执行 end 后面的语句。

```
②if　表达式
```

```
    执行语句1
else
    执行语句2
end
```

功能:如果表达式的值为真,就执行语句1,否则执行语句2。

```
③if  表达式1
    执行语句1
elseif 表达式2
    执行语句2
      ……
else
    语句n
end
```

功能:如果表达式1的值为真,就执行语句1,然后跳出if执行语句;否则判断表达式2,如果表达式2的值为真,就执行语句2,然后跳出if执行语句;否则依此类推,一直进行下去。如果所有的表达式的值都为假,就执行end后面的语句。

说明:假如就一种选择,就用第一种形式;如果两种选择,就使用第二种形式;当有三个或更多的选择时就使用第三种形式。

**例5**　编一函数计算函数值:

$$f(x)=\begin{cases} x & \text{当 } x<1 \\ 2x-1 & \text{当 } 1\leqslant x\leqslant 10 \\ 3x-11 & \text{当 } 10<x\leqslant 30 \\ \sin x+\ln x & \text{当 } x>30 \end{cases}$$

**解**　①建立M函数文件yx.m

```
function y = yx(x)
%分段函数的计算
if x < 1
    y = x
elseif x > = 1 & x < = 10
    y = 2 * x - 1
```

```
elseif x > 10 & x < = 30
    y = 3 * x - 11
else
    y = sin(x) + log(x)
end
```

②调用 M 函数文件计算 $f(0.2), f(2), f(30), f(10\pi)$

```
result = [yx(0.2),yx(2),yx(30),yx(10 * pi)]↙
result =
        0.2000      3.0000      79.0000      3.4473
```

(2)switch-case-end 分支结构

switch 语句是多分支语句,虽然在某些场合 switch 的功能可以由 if 语句的多层嵌套来完成,但是会使程序变的复杂和难于维护,而利用 switch 语句构造多分支选择时显得更加简单明了、容易理解。

Switch 语句的形式为:

```
switch    表达式
case      常量表达式 1
          语句块 1
case      常量表达式 2
          语句块 2
case      {常量表达式 n,常量表达式 n+1,…}
          语句块 n
otherwise
语句块 n+1
end
```

功能:switch 语句后面的表达式可以为任何类型;每个 case 后面的常量表达式可以是多个,也可以是不同类型;与 if 语句不同的是,各个 case 和 otherwise 语句出现的先后顺序不会影响程序运行的结果。

**例 6** 编一个转换成绩等级的函数文件,其中成绩等级转换标准为考试成绩分数在[90,100]分显示优秀;在[80,90)分显示良好;在[60,80)分显示及格;在[0,60)分显示不及格。

**解** ①建立 M 函数文件 ff.m

```
function result = ff(x)
n = fix(x/10);
switch n
case {9,10}
  disp('优秀')
case 8
  disp('良好')
case {6,7}
  disp('及格')
otherwise
  disp('不及格')
end
```

②调用 M 函数文件判断 99 分、56 分、72 分各属于哪个范围

```
ff(99)↙
优秀
ff(56)↙
不及格
ff(72)↙
及格
```

## 习 题

1. 用 format 的不同格式显示变量 2π，并分析各个格式之间有什么相同与不同之处。

2. 利用公式计算$\frac{\pi}{4} = 1 - \frac{1}{3} + \frac{1}{5} - \frac{1}{7} + \cdots + \frac{1}{21}$计算 π 的值。

3. 编函数计算 $1! + 3! + 5! + 7! + \cdots + 25!$ 的值。

4. 编 M 文件计算自然数 $n$ 的阶乘。

5. 计算下列各式的数值：

$e^{123} + 1234^{34} \times \log_2 3 \div \cos 21°$;

$\tan(-x^2)\arccos x$，在 $x = 0.25$ 和 $x = 0.78\pi$ 的函数值。

# 第2章 符号计算

数学计算有数值计算与符号计算之分。这两者的根本区别是：数值计算的表达式、矩阵变量中不允许有未定义的自由变量，而符号计算可以含有未定义的符号变量。对于一般的程序设计软件如 C,C + + 等语言实现数值计算还可以，但是实现符号计算并不是一件容易的事。而 Matlab 自带有符号工具箱 Symbolic Math Tooibox，而且可以借助数学软件 Maple，所以 Matlab 也具有强大的符号运算功能。

在数值计算(包括输入、输出及中间变量在内的)过程中，所运作的变量都是被赋了值的数值变量。而在符号计算的整个过程中，所运作的是符号变量。注意：在符号计算中所出现的数字也都是当作符号处理的。

## 2.1 符号变量的创建

在 Matlab 的数据类型中，字符型与符号型是两种重要而又容易混淆的数据类型。它们的创建方法以及存储方式是完全不同的。字符串的创建在第一章中已作了介绍，而符号变量是利用指令 sym 和 syms 来创建. 它们的使用格式为：

- S = sym('A')　　　定义单个符号变量 S
- syms a b c …　　　定义多个符号变量 a,b,c,…

syms 命令的使用要比 sym 简便，它一次可以定义多个符号变量，而且格式简练。因此一般用 syms 来创建符号变量。注意各符号变量之间必须是空格隔开。

**例 1** 比较字符型与符号型。

```
s = '123456'↙             %定义 s 是字符型变量
```

```
s =
    123456
S1 = sym('123456')↙ %定义 S1 是符号变量
S1 =
    123456
whos↙
```

| Name | Size | Bytes | Class |
|---|---|---|---|
| S1 | 1 × 1 | 136 | sym object |
| s | 1 × 6 | 12 | char array |

说明:从例 1 可以看到符号变量的保存是不同于矩阵形式的单独保存方式。

## 2.2　符号表达式的创建

创建符号表达式的目的就是把表达式赋值给一符号变量,以方便表达式的使用。创建符号表达式有两种方法。

(1)方法 1:直接创建

该方法直接用 S = sym('表达式')创建的表达式。用直接创建法得到的符号表达式一般不是真正数学意义下的表达式。

**例 1**　定义表达式 $2x^2+2bx+6$ 为符号表达式。

**解**　Matlab 命令为

```
fn = sym('2 * x^2 + b * x + 6')↙      %直接创建表达式 2x^2 + 2bx + 6 为
                                         符号表达式
fn =
    2 * x^2 + b * x + 6
fn - b↙                                %计算表达式 fn - b 的值
    ?? Undefined function or variable 'b'
```

说明:符号表达式 2 * x^2 + b * x + 6 赋给了符号变量 fn,但对于符号表达式中的变量 x,b 并未创建,因此系统并不认识符号 b。

(2)方法 2:间接创建

间接创建法为在创建符号表达式之前,先把符号表达式中的所有变量定义为符号变量,然后直接键入表达式。用间接创建法得到的符号表达式是真正数学意义下的表达式。

**例 2** 定义表达式 $ax^2+bx-c$ 为符号表达式,并计算 $x=2$ 时对应的函数值。

**解** Matlab 命令为

```
syms a b c x↙
f=a*x^2+b*x-c↙                %间接创建表达式 ax^2+bx-c 为符号表达式
f=
    a*x^2+b*x-c
f+c↙                          %计算表达式 f+c 的值
    a*x^2+b*x
t=subs(f,'x',2);↙
vpa(t)↙                       %计算 x=2 处对应的函数值
ans=
    4.*a+2.*b-c
```

说明:指令 subs 与 vpa 在本书第 4 章 4.3 节中有介绍。

## 2.3 符号方程的创建

符号方程与符号表达式不同,表达式只是一个由数字和变量组成的代数式,而方程则是由表达式和等号组成的等式。符号方程的创建方法只有一种。

- 命令形式:equ = sym('eqution')

功能:把方程 eqution 定义为符号方程。

**例 1** 定义方程 $5x=6+a$, $x^2+y^2+z^2=1$ 为符号方程。

**解** Matlab 命令为

```
eq1=sym('5*x=6+a')↙
```

```
eq1 =
      5 * x = 6 + a
eq2 = sym('x^2 + y^2 + z^2 = 1')↙
eq2 =
      x^2 + y^2 + z^2 = 1
```

## 2.4　符号矩阵的创建

(1)方法 1:直接创建

利用 sym 命令,矩阵元素可以是任何的符号变量、符号表达式及方程,且元素的长度可以不同。

**例 1**　创建符号矩阵 $\begin{pmatrix} \sin x & x+y=2 & a \\ 2 & 6+\cos(\tan x) & \frac{1}{x} \\ abc & y^2=x & x \end{pmatrix}$。

**解**　Matlab 命令为

```
A = sym('[sin(x),x + y = 2,a;2,6 + cos(tan(x)),1/x;abc,y^2 = x,x]')↙
A =
    [       sin(x),              x + y = 2,          a]
    [            2,     6 + cos(tan(x)),           1/x]
    [          abc,              y^2 = x,            x]
```

(2)方法 2:间接创建

间接创建符号矩阵的方法为:在创建符号矩阵之前,先把符号矩阵的所有变量定义为符号变量,然后按创建普通矩阵的格式输入矩阵。

**例 2**　创建例 1 的矩阵 ***A***。

**解**　Matlab 命令为

```
syms x y a abc↙
e1 = sym('x + y = 2');↙
e2 = sym('y^2 = x');↙
A = [sin(x),e1,a;2,6 + cos(tan(x)),1/x;abc,y^2,x]↙
```

```
A =
    [      sin(x),          x + y = 2,            a]
    [           2,     6 + cos(tan(x)),          1/x]
    [         abc,                y^2,             x]
```

(3)方法 3:由数值矩阵转化为符号矩阵

将一个数值矩阵 M 转化为符号矩阵 S 的命令为:S = sym(M)。

**例 3** M = [1,2;3,4];↙

```
S = sym(M)↙
S =
   [1, 2]
   [3, 4]
whos↙
  Name      Size      Bytes      Class
    M       2×2        32       double array
    S       2×2       408       sym object
```

## 2.5 数值变量、符号变量、字符变量的相互转化

在 Matlab 工作空间中,数值、符号和字符是 3 种主要的数据类型。Matlab 可以利用命令来实现不同类型数据间的转换。下面对这些命令逐一介绍。

- 命令形式 1:x = double(s)

功能:转换 s 为双精度型数值变量 x。

说明:s 可以是符号变量也可以是字符变量,当 s 是符号变量时,s 必须是全为数字的符号,返回数值变量 x;当 s 是字符变量时,返回数值矩阵 x,矩阵中的元素是相应的 ASCII 值。

例如:

```
s1 = sym('12.9');↙
x1 = double(s1)↙        %把符号变量 s1 转化为数值变量 x1
x1 =
```

```
    12.9000
s2 = sym('2 * x');↙     %定义为2x符号表达式
x2 = double(s2)↙
    ??? Undefined function or variable 'x'.
x3 = double('A') ↙      %把字符A转化为它对应的ASCII码值
x3 =
    65
c1 = '122345';  ↙       %把字符串'122345'转化为它对应的ASCII码值
x4 = double(c1)↙
x4 =
    49    50    50    51    52    53
whos↙
    Name     Size     Bytes     Class
    c1       1×6      12        char array
    s1       1×1      132       sym object
    s2       1×1      130       sym object
    x1       1×1      8         double array
    x3       1×1      8         double array
    x4       1×6      48        double array
```

说明:利用指令 whos 来显示各个变量的类型与大小。

● 命令形式 2:x = str2num(s)

功能:把字符串变量 s 转化为数值变量 x。

说明:当 s 是一个包含非数字的字符变量时,str2num(s)将返回一个空矩阵[]。

例如:

```
s1 = '123';        x1 = str2num(s1)↙
x1 =
    123
s2 = '12a'↙               %字符串变量s2包含非数字的字符变量a
s2 =
    12a
```

x2 = str2num(s2)↙

x2 =

    [ ]

whos↙

| Name | Size | Bytes | Class |
|---|---|---|---|
| s1 | 1 × 3 | 6 | char array |
| s2 | 1 × 3 | 6 | char array |
| x1 | 1 × 1 | 8 | double array |
| x2 | 0 × 0 | 0 | double array |

说明:利用指令 whos 来显示各个变量的类型与大小。

● 命令形式 3:x = numeric(s)

功能:转换 s 为数值变量 x。

说明:x = numeric(s) 等价于 x = double(sym(s)),但 s 不可以是矩阵。

例如:s1 = sym('12.9'); x1 = numeric(s1)↙

x1 =

    12.9000

● 命令形式 4:x = sym(s)

功能:转换 s 为符号变量 x。

说明:s 不可以是字符矩阵和非法的表达式。

例如:s1 = '23 * a';　　x1 = sym(s1)↙

x1 =

    23 * a

s2 = 24 + 6; x2 = sym(s2)↙

x2 =

    30

whos↙

| Name | Size | Bytes Class |
|---|---|---|
| s1 | 1 × 4 | 8 char array |
| s2 | 1 × 1 | 8 double array |
| x1 | 1 × 1 | 132 sym object |

```
    x2          1×1       128 sym object
x3 = sym([a,b])↙          %[a,b]是字符矩阵,故下面出错
    ?? Undefined function or variable 'a'.
```

● 命令形式 5:s = int2str(x)

功能:将数 x 转换为字符变量 s。

说明:当 x 是普通有理数时,将对四舍五入后进行转换。当 x 是虚数时,将只对其实部进行转换。

例如: x1 = 19; s1 = int2str(x1)↙

```
s1 =
    19
x2 = 2.4;↙
s2 = int2str(x2)↙          %先把变量 x2 四舍五入,然后再转换为
                             字符型变量 s2
s2 =
    2
x3 = 2.9 + 5 * i;↙         %变量 x3 是复数
s3 = int2str(x3)↙
s3 =
    3
```

● 命令形式 6:s = num2str(x)

功能:将普通数值变量 x 转换为字符变量 s。

说明:在 int2str 命令中对 x 的限制则全部取消。这条命令在图形与图例的标注中非常有用。

例如:x1 = 19; s1 = num2str(x1)↙

```
s1 =
    19
x2 = 2.4; s2 = num2str(x2)↙
s2 =
    2.4
```

```
x3 = 2.9 + 5 * i; s3 = num2str(x3)↙
s3 =
    2.9 + 5i
```

## 2.6 调用 Maple 的符号计算能力

数学软件 Maple 号称为最优秀的符号计算软件。在 Matlab 环境下，为了实现对 Maple 绝大多数符号计算指令的调用，Matlab 的符号数学工具包提供了一个通用指令 maple.。该指令的主要使用格式如下：

- 命令形式 1：maple(Maplestatement)

功能：可以调用 Maple 函数库中非图像处理的所有函数。

- 命令形式 2：maple('function', a1, a2, a3…)

功能：调用 Maple 函数库中的函数 function，其中 a1, a2, a3… 是函数 function 的参数。

**例 1** 用两种方法求递推方程 $f(n) = -3f(n-1) - 2f(n-2)$ 的通解。

**解** 方法 1：

```
gs1 = maple('rsolve(f(n) = -3 * f(n-1) - 2 * f(n-2), f(k));')↙
gs1 =
    (2 * f(0) + f(1)) * (-1)^k + (-f(0) - f(1)) * (-2)^k
```

方法 2：

```
gs2 = maple('rsolve', 'f(n) = -3 * f(n-1) - 2 * f(n-2)', 'f(k)') ↙
gs2 =
    (2 * f(0) + f(1)) * (-1)^k + (-f(0) - f(1)) * (-2)^k
```

**例 2** 求 $\sin(x^2 + y^2)$ 在 $x = 0, y = 0$ 处展开的截断 8 阶小量的泰勒近似式。

**解** Matlab 命令为

```
maple('readlib(mtaylor);');↙
TL2 = maple('mtaylor(sin(x^2 + y^2), [x = 0, y = 0], 8)')↙
TL2 =
```

x^2 + y^2 - 1/6 * x^6 - 1/2 * y^2 * x^4 - 1/2 * y^4 * x^2 - 1/6 * y^6

pretty(sym(TL2))↙

$$x^2 + y^2 - 1/6x^6 - 1/2y^2x^4 - 1/2y^4x^2 - 1/6y^6$$

## 2.7　图形化的符号函数计算器

符号函数计算器是由 funtool.m 文件生成的。在 Matlab 命令窗口输入

funtool↙

指令即可打开符号函数计算器：

该符号函数计算器由 2 个函数曲线视窗(图 2.1 中的 Figure No.1 和 Figure No.2)和一个函数运算控制器(图 2.1 中的 Figure No.3)构成。

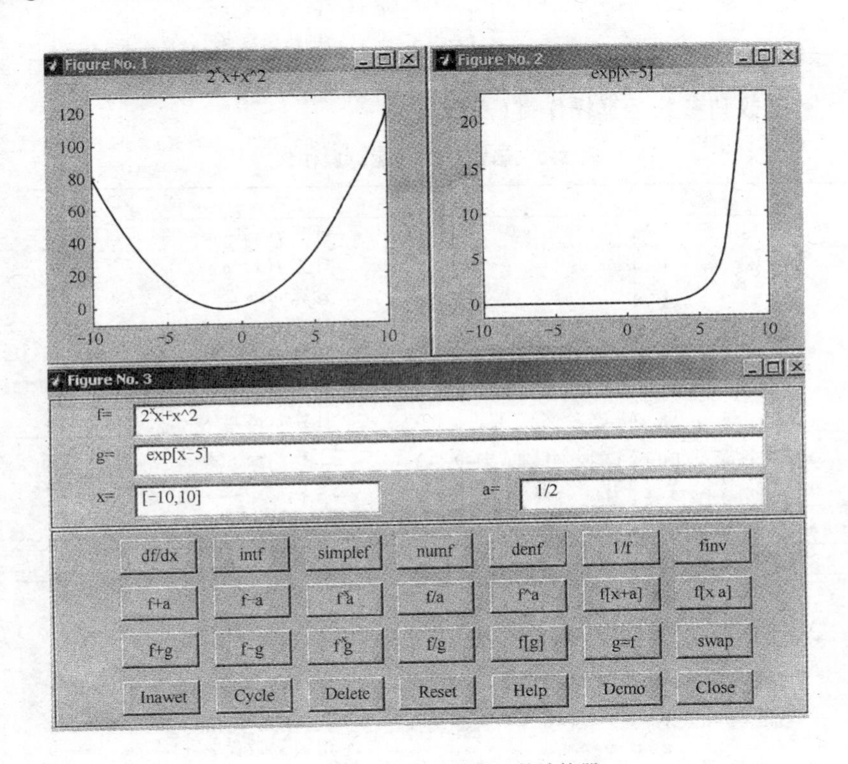


图 2.1　图形化的符号函数计算器

被控栏是指在函数运算控制器(图 2.1 中的 Figure No.3)上半部分的四个栏目:f,g,x ,a。f,g 栏分别显示着相应视窗 Figure No.1 和 Figure No.2 中所示曲线的函数表达式;x 栏显示着函数曲线视图中作为横坐标变量的取值范围;a 栏显示着可能与函数运算的自由参数值。

- 单函数运算操作键(表 2.1)

**表 2.1　单函数运算操作键**

| 键　　名 | 功　　能 |
|---|---|
| df/dx | 求 $f(x)$相对于 $x$ 的符号导数 |
| int f | 求 $f(x)$相对于 $x$ 的符号积分 |
| simple f | 使 $f(x)$的表达式尽可能简化 |
| num f | 取 $f(x)$的分子表达式 |
| den f | 取 $f(x)$的分母表达式 |
| 1/f | 求 $1/f(x)$ |
| finv | 求 $f(x)$的反函数,使 $g(f(x)) = x$ |

- 函数和参数运算操作键(表 2.2)

**表 2.2　函数和参数运算操作键**

| 键　　名 | 功　　能 |
|---|---|
| f + a | 计算 $f(x) + a$ |
| f - a | 计算 $f(x)\ a$ |
| f * a | 计算 $af(x)$ |
| f/a | 计算 $f(x)/a$ |
| f^a | 计算 $f^a(x)$ |
| f(x + a) | 计算 $f(x + a)$ |
| f(x * a) | 计算 $f(ax)$ |

- 两个函数间运算操作键(表 2.3)

**表 2.3　两个函数间运算操作键**

| 键　　名 | 功　　能 |
|---|---|
| f + g | 计算 $f(x) + g(x)$ |
| f - g | 计算 $f(x) - g(x)$ |
| f * g | 计算 $f(x)g(x)$ |
| f/g | 计算 $f(x)/g(x)$ |
| f(g) | 求复合函数 $f(g(x))$ |
| g = f | 用 $f(x)$取代 $g(x)$ |
| swap | 交换 $f(x), g(x)$ |

- 辅助操作键(表2.4)

**表2.4 辅助操作键**

| 键 名 | 功 能 |
| --- | --- |
| Insert | 把当前Figure No.1视窗中的函数插入到典型函数演示表中 |
| Cycle | 在Figure No.1视窗里依次演示内含的典型函数演示表中的函数曲线 |
| Delete | 从内含的典型函数演示表中删除当前Figure No.1视窗中的函数 |
| Reset | 把整个函数计算器重置成初始调用状态 |
| Help | 在主Matlab窗里给出函数计算器的联机帮助 |
| Demo | 自动演示函数计算器的联机功能 |
| Close | 关闭函数计算器 |

## 习 题

1. 求 $\cos(x^2+y^2)$ 在 $x=0,y=0$ 处展开的截断6阶小量的泰勒近似式。

2. 用两种方法求递推方程 $f(n)=-5f(n-1)+7f(n+1)$ 的通解。

3. 练习使用符号函数计算器。

4. 以函数 $f(x)=\sin x,-\pi\leqslant x\leqslant\pi$ 为实验函数,用符号函数计算器就 $b=-2$ 分别画出 $f(x\pm b),f(x)\pm b,-\pi\leqslant x\leqslant\pi$ 的图形,观察 $f(x)$、$f(x\pm b)$、$f(x)\pm b$ 的图形变化特点。

5. 以函数 $f(x)=\sin x,g(x)=\cos x,-\pi\leqslant x\leqslant\pi$ 为实验函数,用符号函数计算器分别画出 $f(x)\pm g(x),f(x)g(x),f(g(x)),g(f(x)),-\pi\leqslant x\leqslant\pi$ 的图形,观察它们的图形变化特点。

6. 用两种方法求递推方程 $f(n)=-5f(n-1)+7f(n+1)$ 的通解。

7. 求 $\cos(x^2+y^2)$ 在 $x=0,y=0$ 处展开的截断6阶小量的台劳近似式。

# 第3章 Matlab绘图

通常,人们很难直接从一大堆原始的离散数据中感受到它们的含义,数据图形恰能使人们用视觉器官直接感受到数据的许多内在本质。因此,数据可视化是人们研究科学、认识世界不可缺少的手段。

作为一个优秀的科技应用软件,Matlab不仅在数值计算方面无与伦比,而且在数据可视化方面也有上佳表现。

Matlab的数据可视化和图像处理两大功能块,几乎满足了一般实际工程、科学计算中的所有图形图像处理的需要。在数据的可视化方面,Matlab可使用户计算所得的数据根据其不同的情况转化成相应的图形。用户可以选择直角坐标、极坐标等不同的坐标系;它可以表现出平面图形、空间图形、绘制直方图、向量图、柱状图及空间网面图、空间表面图等。当初步完成图形的可视化后,Matlab还可对图形作进一步加工,包括:初级操作,如标注、添色、变换视角;中级操作,如控制色图、取局部视图、切片图;高级操作,如动画、句柄等。总之,这一系列命令与操作足以实实在在表达各种理想视图。

## 3.1 Matlab二维曲线绘图

### 3.1.1 基本绘图指令 plot

Matlab函数plot是最简单而且使用最广泛的一个线性绘图指令。利用它可以画出折线、曲线和参数方程曲线的图形。plot绘图命令有如下一些常用形式:

- 命令形式1:plot(y)

功能:画一条或多条折线图。其中y是数值向量或数值矩阵。

说明：当 y 是数值向量时，plot(y)在坐标系中顺序地用直线段连接顶点(i,y(i))画出一条折线图；当 y 是数值矩阵时，Matlab 为矩阵的每一列画出一条折线，绘图时，以矩阵 y 每列元素的相应行下标值为横坐标，以 y 的元素为纵坐标绘制连线图。

**例 1**　画出向量[1,3,2,9,0.5]折线图。

**解**　Matlab 命令为

```
y=[1,3,2,9,0.5];↙
plot(y)↙        %绘出图 3.1
```

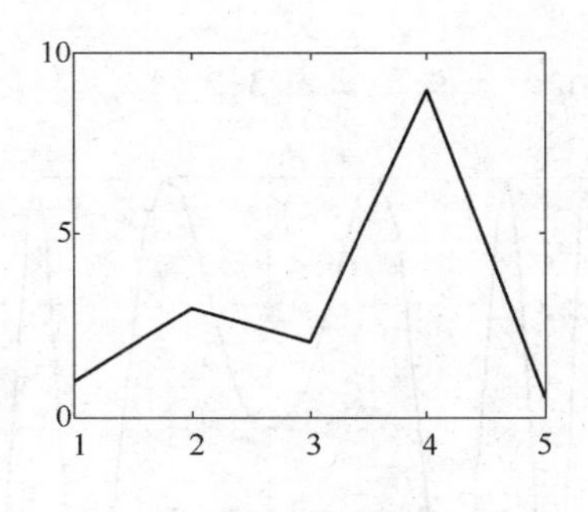


图 3.1　向量式图形

● 命令形式 2：plot(x,y)

功能：画一条或多条折线图。其中 x 可以是长度为 $n$ 的数值向量或是 $n \times m$ 的数值矩阵，y 也可以是长度为 $n$ 的数值向量或是 $n \times m$ 的数值矩阵。

说明：①当 x,y 都是长度为 $n$ 的数值向量时，plot(x,y)在坐标系中顺序地用直线段连接顶点(x(i),y(i))画出一条折线图；

②当 x 是长度为 $n$ 的数值向量且 y 是 $n \times m$ 的数值矩阵时，plot(x,y)用向量 x 分别与矩阵 y 的每一列匹配，在同一坐标系中绘出 $m$ 条不同颜色的折线图；

③当 x 和 y 都是 $n \times m$ 的数值矩阵时，plot(x,y)分别用矩阵 x 的第 $i$ 列与矩阵 y 的第 $i$ 列匹配，在同一坐标系中绘出 $m$ 条不同颜色的折线图。

注：plot(x,y)命令可以用来画通常的函数 f(x)图形，此时向量 x 常用

命令 x = a:h:b 的形式获得 $f(x)$ 函数在绘图区间 $[a,b]$ 上的自变量点向量数据，对应的函数向量值取为 $y=f(x)$。步长 h 可以任意选取，一般，步长越小，曲线越光滑，但是步长太小，会增加计算量，运算速度要降低。所以一定要取一个合适的步长，通常步长 h 取为 0.1 可以得到较好的绘图效果。如果想在图形中标出网格线，用命令 grid on 即可。

**例 2**　画出函数 $y=\sin x^2$ 在 $-5\leqslant x\leqslant 5$ 的图形。

**解**　Matlab 命令为

```
x= -5:.1:5;↙          %取绘图横坐标向量点 x
y=sin(x.^2);↙
plot(x,y),grid on↙    %绘出图 3.2
```

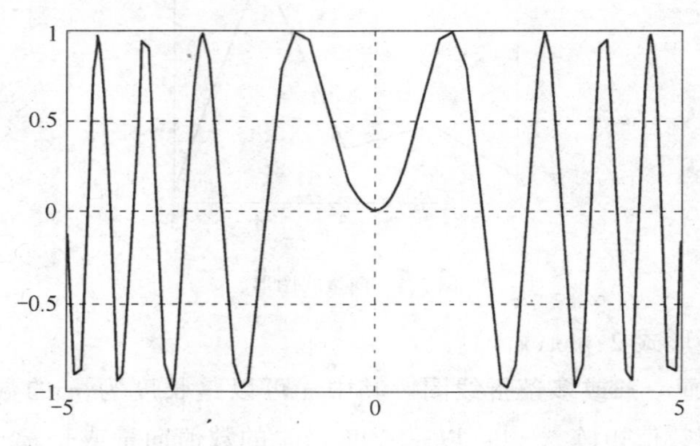


图 3.2　曲线 $y=\sin x^2$

**例 3**　画出椭圆 $\frac{x^2}{5^2}+\frac{y^2}{2^2}=1$ 的曲线图。

**解**　分析：对于这种情形，首先把它写成参数方程

$$\begin{cases} x=5\cos t \\ y=2\sin t \end{cases}\quad (0\leqslant t\leqslant 2\pi)。$$

Matlab 命令为

```
t=0:pi/50:2*pi;↙
x=5*cos(t);↙
y=2*sin(t);↙
```

```
plot(x,y),grid on↙                    %绘出图形,见图 3.3
```

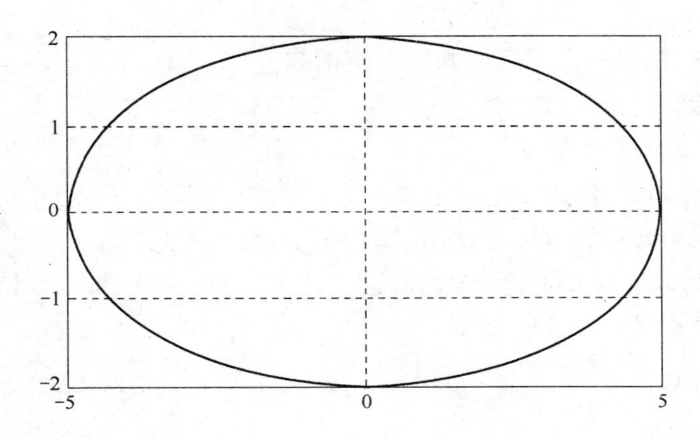


图 3.3 椭圆

**例 4** 在同一坐标系中画出 $y = \sin x$ 和 $y = \cos x$ 的图形。

**解** Matlab 命令为

```
x = -2 * pi:pi/50:2 * pi;↙
y = [sin(x);cos(x)];↙
plot(x,y),grid on↙                    %绘出图形,见图 3.4
```

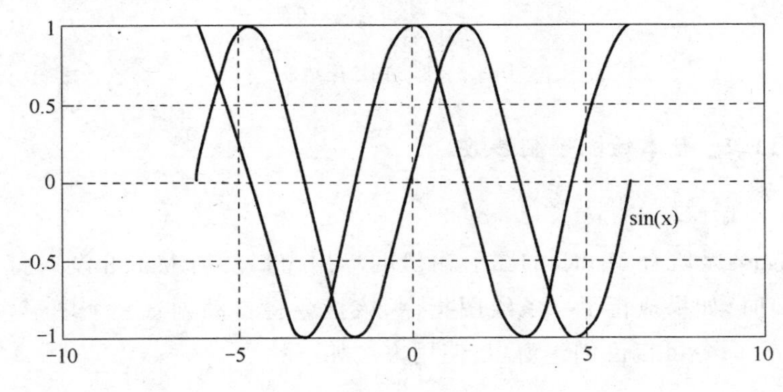


图 3.4 例 4 的绘图结果

- 命令形式 3:plot(x1,y1,x2,y2,x3,y3,⋯)

功能:在同一图形窗口画出多条不同颜色曲线,曲线关系为

$$y_1 = f(x_1), y_2 = f(x_2), y_3 = f(x_3), \cdots$$

**例 5** 在同一图形窗口画出三个函数 $y = \cos 2x$, $y = x^2$, $y = x$ 的图形,$-2 \leqslant x \leqslant 2$。

**解** Matlab 命令为

```
x= -2:.1:2;↙
plot(x,cos(2*x),'.',x,x.^2,'k-.',x,x,'k')↙
legend('cos(2x)','x^2','x')↙        %见 3.1.4 节:图形的标注
%绘出图形,见图 3.5
```

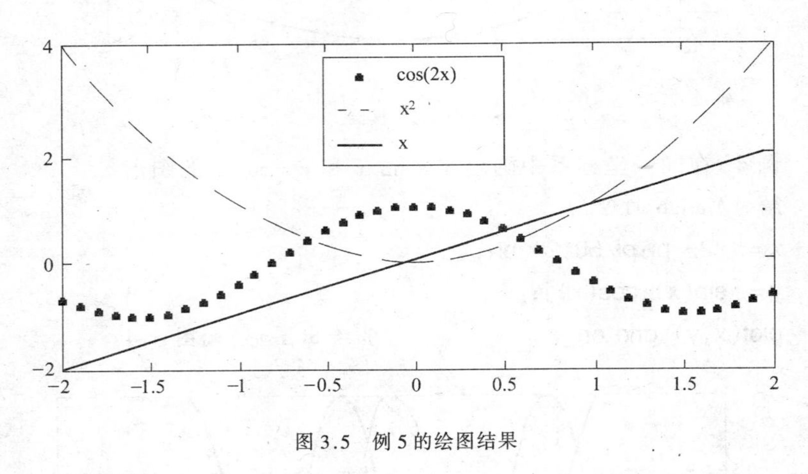


图 3.5 例 5 的绘图结果

### 3.1.2 基本绘图控制参数

● 图形窗口 figure

figure 是所有 Matlab 的图形输出的专用窗口。当 Matlab 没有打开图形窗口时,如果执行了一条绘图指令,该指令将自动创建一个图形窗口。而 figure 命令可自己创建窗口,使用方法如下:

```
figure↙;
figure(n)↙;        %打开第 n 个图形窗口
```

● 清除图形窗口 clf

• 控制分隔线 grid

grid　　在 grid on 与 grid off 之间进行切换

grid on　　在图中使用分隔线

grid off　　在图中消隐分隔线

• 图形的重叠绘制 hold

hold　　在 hold on 与 hold off 之间进行切换

hold on　　保留当前图形和它的轴,使此后图形叠放在当前图形上

hold off　　返回 Matlab 的缺省状态,此后图形指令运作将抹掉当前窗中的旧图形,然后画上新图形

• 取点指令 ginput

该命令是 plot 命令的逆命令,它的作用是在二维图形中记录下鼠标所选点的坐标值。使用格式为:

ginput　　可以无限制的选点,当选择完毕时,按 Enter 键结束命令

ginput(n)　　必须选择 $n$ 个点才可以结束命令

• 图形放大指令 zoom

zoom　　在 hold on 与 hold off 之间进行切换

zoom on　　使系统处于可放大状态

zoom off　　使系统回到非放大状态,但前面放大的结果不会改变

zoom out　　使系统回到非放大状态,并将图形恢复原状

zoom xon　　对 $x$ 轴有放大作用

zoom yon　　对 $y$ 轴有放大作用

**例 6** 利用 hold 指令在同一坐标系中画出如下两条参数曲线,参数曲线方程为

$$x_1=\cos t,y_1=\sin t;x_2=\sin t,y_2=\sin 2t;t\text{ 满足 }0\leqslant t\leqslant 2\pi。$$

**解** Matlab 命令为

```
t=0:pi/50:2*pi;↙
plot(cos(t),sin(t))↙                    %画出第一条参数曲线
hold on,plot(sin(t),sin(2*t),'r.')↙
%在同一图形窗口,画出第二条参数曲线,见图 3.6
```

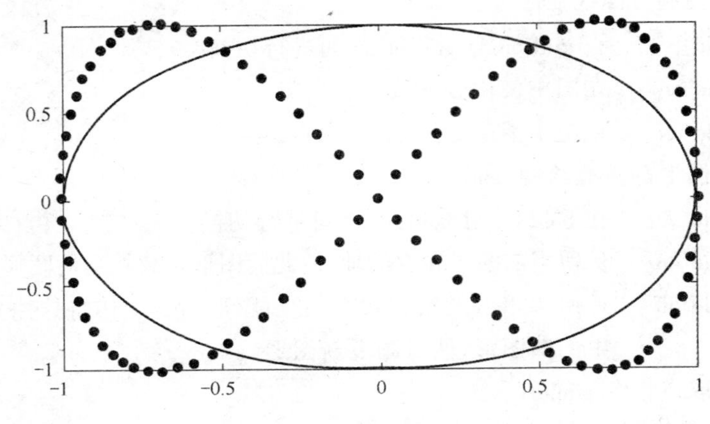


图 3.6　两条参数曲线

### 3.1.3　线型、定点标记、颜色

二维绘图指令还提供一组控制曲线线型、标记类型、颜色的开关。该开关总跟在一元或二元对的后面，具体形式如下：

● 命令形式 1：plot(x,'String')

功能：画出折线图，并且控制折线图为字符串 String 代表的颜色与线型，该字符串由表 3.1、表 3.2、表 3.3 中的字符组成。

表 3.1　颜色控制字符表

| 色彩字符 | 色彩 | RGB 值 | 色彩字符 | 色彩 | RGB 值 |
|---|---|---|---|---|---|
| y/yellow | 黄色 | 110 | g/green | 绿色 | 010 |
| m/magenta | 洋红 | 101 | b/blue | 蓝色 | 001 |
| c/cyan | 青色 | 011 | w/white | 白色 | 111 |
| r/red | 红色 | 100 | k/black | 黑色 | 000 |

表 3.2　线型控制字符表

| 绘图字符 | 数据点 | 绘图字符 | 数据点 |
|---|---|---|---|
| . | 黑点 | d | 钻石形 |
| o | 小圆圈 | ^ | 三角形(向上) |
| X | 差号 | < | 三角形(向左) |
| + | 十字标号 | > | 三角形(向右) |
| * | 星号 | p | 五角星 |
| s | 小方块 | h | 六角星 |

表 3.3 数据点控制字符表

| 线型符号 | 线型 |
| --- | --- |
| - | 实线 |
| : | 点线 |
| -. | 点划线 |
| -- | 虚线 |

- 命令形式 2:plot(x,y,'String')

功能:画出曲线图 $y=f(x)$,并且控制曲线图为字符串 String 代表的颜色与线型。

- 命令形式 3:plot(x1,y1,'String1',x2,y2,'String2',…)

功能:画出多条曲线,并且控制第 $i$ 条曲线为对应的字符串 String$i$ 代表的颜色与线型。

### 3.1.4 图形的标注

Matlab 可以在画出的图形上加各种标注及文字说明,以丰富图形的表现力。但请注意,用于标记文字的单引号应该是英文而不是中文的单引号。加注的内容可以是中文,也可以是英文。

(1)图名标注 title

- 命令形式 1:title('String')

功能:在当前图形的顶端加注文字 String 作为图名。

- 命令形式 2:title('String','Property',…)

功能:在当前图形的顶端加注文字 String 作为图名,并且定义图名所用字体、大小、标注角度。

(2)坐标轴标注 xlabel,ylabel

- 命令形式 1:xlabel('String')

功能:在当前图形的 $x$ 轴旁边加注文字内容。

- 命令形式 2:ylabel('String')

功能:在当前图形的 $y$ 轴旁边加注文字内容。

- 命令形式 3:zlabel('String')

功能:在当前图形的 $z$ 轴旁边加注文字内容。

(3)图形标注

- 命令形式 1:text(x,y,'String')

功能:适用于二维图形,在点($x$,$y$)上加注文字 String。

- 命令形式 2:text(x,y,z,'String')

功能:适用于三维图形,在点($x$,$y$,$z$)上加注文字 String。

- 命令形式 3:gtext('String')

功能:在鼠标指定位置上标注。具体步骤为:先利用鼠标定位,再在此位置加注文字。该指令不支持三维图形。

说明:使用 gtext 指令后,会在当前图形上出现一个十字叉,等待用户选定位置进行标注。移动鼠标到所需位置按下鼠标左键,Matlab 就在选定位置标上文字。

(4)图例标注 legend

当在一幅图中出现多种曲线时,结合在绘制时的不同线性与颜色等特点,用户可以用 legend 命令进行说明。

- 命令形式:legend('String1','String2','String3',…)

功能:对当前图进行图例标注。

**例 7** 在同一坐标系中画出两个函数 $y=\cos 2x$,$y=x$ 的图形,自变量范围为:$-2\leqslant x\leqslant 2$;函数 $y=\cos 2x$ 为红色实线,函数 $y=x$ 为洋红色虚线;并加注标题、坐标轴,对图例进行标注。

**解** ①建立命令文件 exam31.m

```
clf;
x = -2:.1:2;
y1 = cos(2*x);y2 = x;
%在一个图形窗口画出两条参数曲线,并且第一条曲线为红色实线,
  第二条曲线为洋红色虚线图
plot(x,y1,'r-',x,y2,'m-.'),grid on
%在图形窗口加注标题
title('曲线 y = cos(2x)与 y = x 及点图')
xlabel('x 轴'),ylabel('y 轴')
x00 = -2:2;
```

```
y00=[1.5,1,0,0.56,-1.5];
%在同一图形窗口画一点图,并且点图颜色由蓝色的五角星构成
hold on,plot(x00,y00,'bp')
%对三个图例进行标注,见图3.7
legend('y=cos(2x)','y=x','5点图')
```

②执行命令文件 exam31.m

```
exam31          %绘出图形,见图3.7↙
```

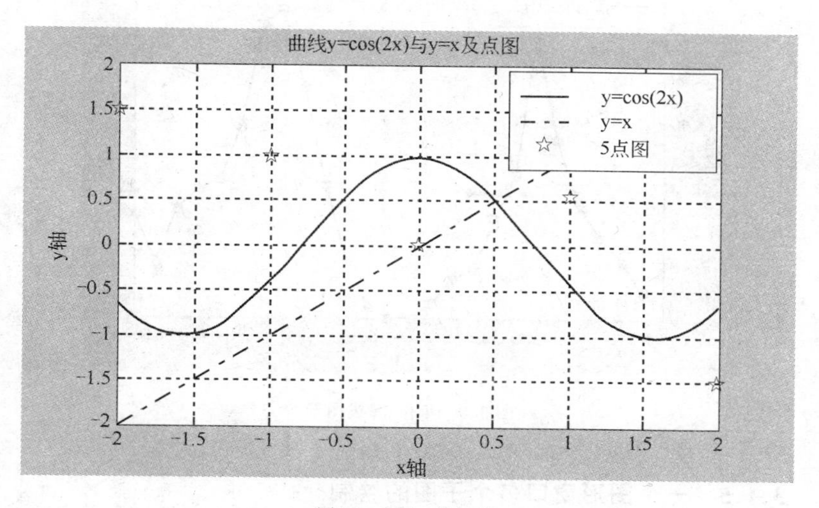


图3.7　例7的结果

**例8**　已知科学家在某海域观察到海平面的年平均高度表如下,由表的数据绘制出二位数据点图,并画出其折线图。

| 年份 | 1 | 2 | 3 | 4 | 5 | 6 | 7 | 8 | 9 | 10 | 11 | 12 | 13 |
|---|---|---|---|---|---|---|---|---|---|---|---|---|---|
| 海拔 | 5.0 | 11.0 | 16.0 | 23.0 | 36.0 | 58.0 | 29.0 | 20.0 | 10.0 | 8.0 | 3.0 | 0.0 | 0.0 |
| 年份 | 14 | 15 | 16 | 17 | 18 | 19 | 20 | 21 | 22 | 23 | 24 | 25 | |
| 海拔 | 2.0 | 11.0 | 27.0 | 47.0 | 63.0 | 60.0 | 39.0 | 28.0 | 26.0 | 22.0 | 11.0 | 21.0 | |

**解**　Matlab 命令为

```
x=1:25;↙
y=[5,11,16,23,36,58,29,20,10,8,3,0…↙        %…是续行号
```

```
,0,2,11,27,47,63,60,39,28,26,22,11,21];↙
plot(x,y,'h',x,y,'r-')↙
legend('点图','折线图')↙
ylabel('海拔')↙
xlabel('年份')↙                                    %绘出图形,见图 3.8
```

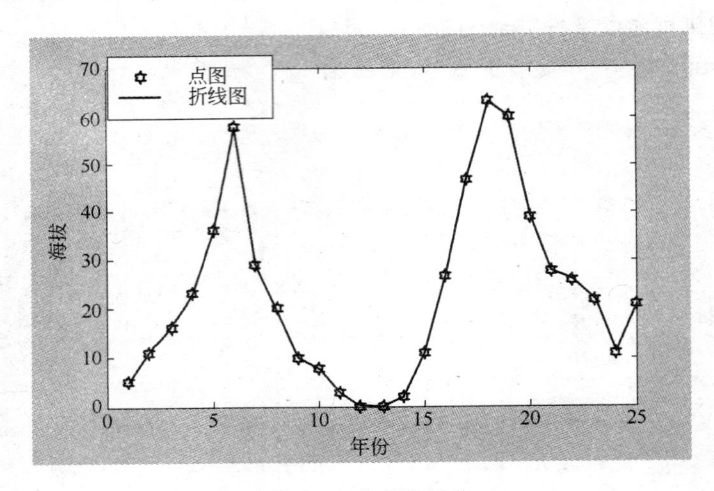


图 3.8 年份-海拔图形

### 3.1.5 一个图形窗口多个子图的绘制

subplot 指令不仅适用于二维图形而且也适用于三维图形。其本质是将窗口分为几个区域,再在每个小曲域中画图形。

- 命令形式 1:subplot(m,n,i)

功能:把图形窗口分为 $m \times n$ 个子图,并把第 $i$ 个子图当作当前图形窗口。

- 命令形式 2:subplot('position',[left bottem width height])

功能:在普通坐标系中创建新的坐标系,并且各个参数 left,bottem,width,heigh 在 0 到 1 之间取值。

**例 9** 演示 subplot 指令对图形窗的分割(图 3.9)。

**解** ①建立命令文件 exam32.m

```
%演示 subplot 指令对图形窗的分割
clf;
x= -2:.2:2;
y1=x+sin(x);y2=sin(x)./x;y3=(1+x).^(1./x);
subplot(2,2,1),plot(x,y1,'m.'),grid on,title('y=x+sinx')
subplot(2,2,2),plot(x,y2,'rp'),grid on,title('y=sinx/x')
subplot('position',[0.2,0.05,0.6,0.45]),
plot(x,y3),grid on,text(0,exp(1),'*')
```

②执行命令文件 exam32.m

```
exam32↙                %绘出图形,见图 3.9
```

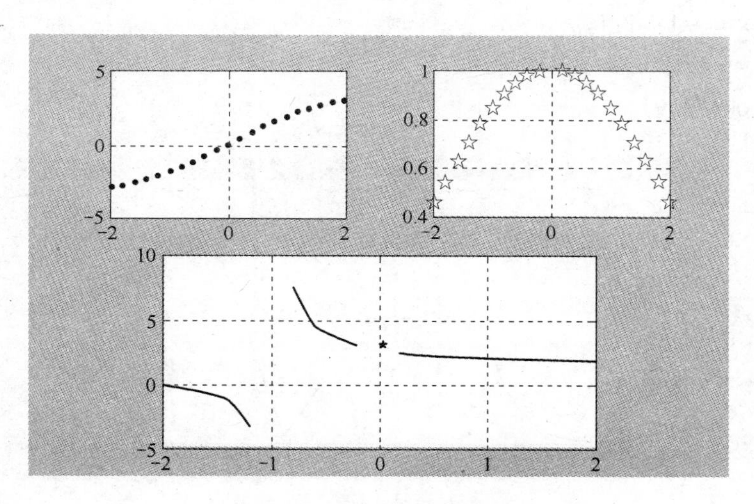


图 3.9　subplot 指令对图形窗的分割

### 3.1.6　绘制数值函数二维曲线的指令 fplot

plot(x,y)绘图指令在绘图时,必须先定义自变量的一组取值点,再求出这组数据点对应的函数值,然后根据这组数据点绘制出所需的曲线。而指令 fplot 的特点是:它的绘图数据点是自适应产生的。在函数平坦处,它所取数据点比较稀疏;在函数变化剧烈处,它将自动取较密的数据点。因而对于导数变化比较大的函数,用 fplot 指令比用 plot 指令要更真实。

● 命令形式:fplot(fun,[xmin,xmax],tol,n,'linespec'…)

功能:画函数自变量在区间[xmin,xmax]的图像。

说明:fun 是函数名,可以是 Matlab 已有的函数,也可以是自定义的 M 函数,还可以是字符串定义的函数;[xmin,xmax]定义 x 的取值区间;tol 是相对误差,默认值为 2e－3;n＋1 是绘图的最少点数;'linespec'是线型设置。

**例 10** 分别利用指令 plot 与 fplot 绘制曲线 $y=\sin(1/x)$ 在区间[－1,1]的图像,并作比较。

**解** ①用 plot 指令画图(图 3.10)

Matlab 命令为

```
x=－1:.1:1;↙
y=sin(1./x);↙
plot(x,y)↙
```

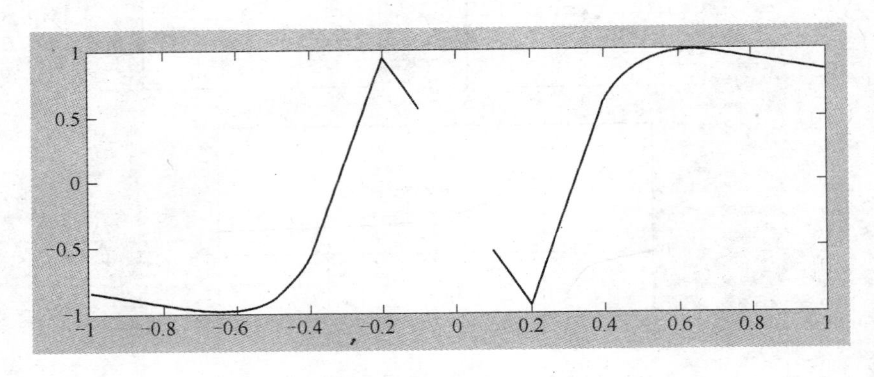


图 3.10 横坐标等分取点绘图

②fplot 指令画图(图 3.11)

Matlab 命令为

```
fplot('sin(1./x)',[－1,1])↙
```

### 3.1.7 绘制符号函数二维曲线的指令 ezplot

● 命令形式:ezplot(F,[xmin,xmax])

功能:画出符号函数 F 在区间[xmin,xmax]内的图像。

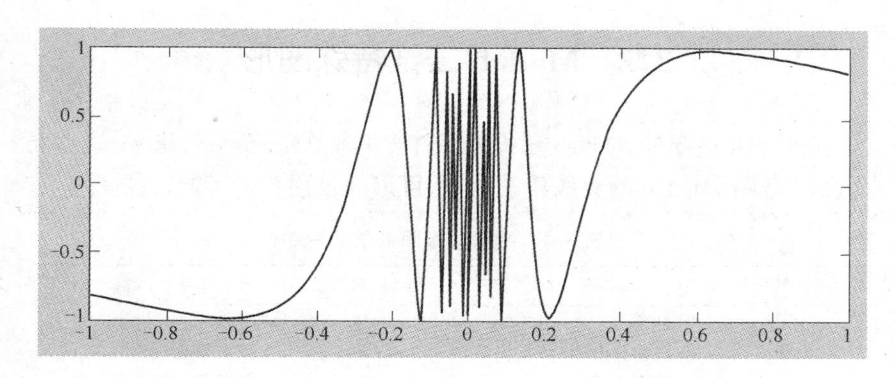


图 3.11　横坐标自适应取点绘图

说明:F 是符号函数并且只含有一个变量。如果区间[xmin,xmax]缺省,默认区间为[-2pi,2pi]。

**例 11**　绘制 $y=\frac{2}{3}e^{-\frac{t}{2}}\cos\frac{3}{2}t$ 在[0,4π]间的图形。

**解**　Matlab 命令为

```
syms t↙
ezplot('2/3 * exp( - t/2) * cos(3/2 * t)',[0,4 * pi])↙
                                        %绘出图形,见图 3.12
```

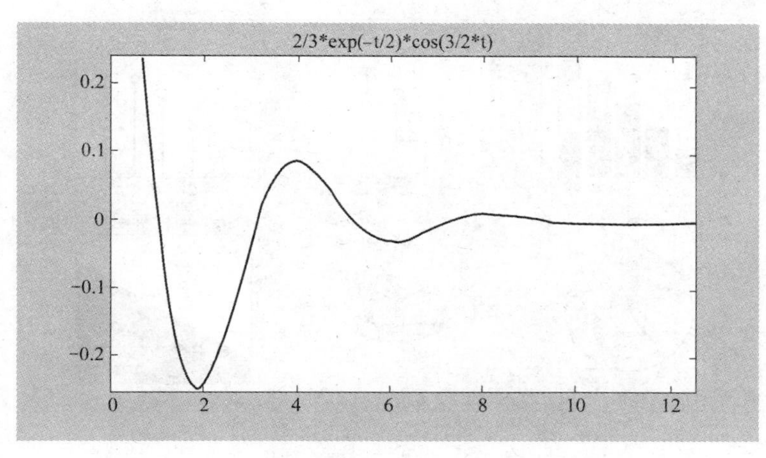


图 3.12　符号函数的图形

## 3.2　Matlab二维特殊图形

除了plot指令外,Matlab还提供了许多其他的二维绘图指令,这些指令大大扩充了Matlab的曲线作图指令,可以满足用户的不同需要。

表3.4　绘制二维图形的指令

| 函数名称 | 功　　能 | 函数名称 | 功　　能 |
|---|---|---|---|
| bar | 直方图 | loglog | 双对数曲线 |
| barh | 垂直的直方图 | semilogx | x轴对数坐标曲线 |
| bar3 | 三维直方图 | semilogy | y轴对数坐标曲线 |
| bar3h | 垂直的三维直方图 | polar | 极坐标曲线 |
| hist | 统计直方图 | stairs | 阶梯图 |
| pie | 饼图 | stem | 火柴棍图 |
| pie3 | 三维饼图 | pcolor | 伪彩图 |
| fplot | 数值函数二维曲线 | area | 面积图 |
| ezplot | 符号函数二维曲线 | errorbar | 误差棒棒图 |
| gplot | 绘拓扑图 | quiver | 矢量场图 |
| fill | 平面多边形填色 | ribbon | 带状图 |

**例1**　练习指令bar,stairs,pie,pie3,stem,area(命令结果参看图3.13)。

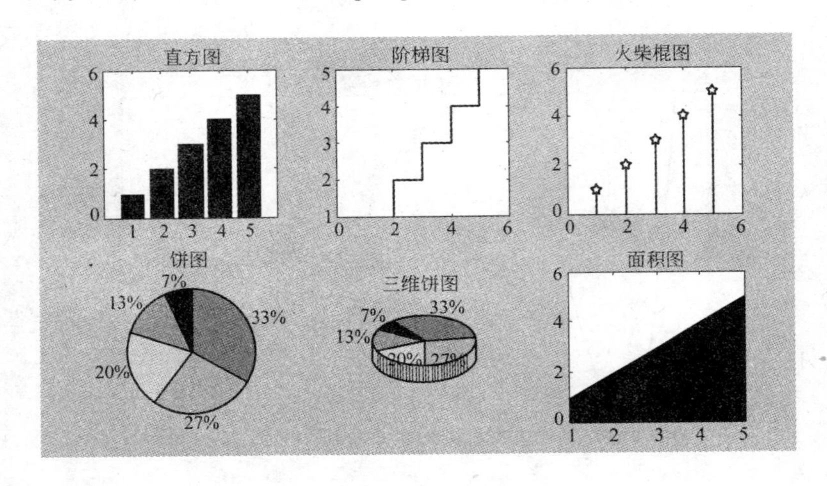


图3.13　一些二维特殊图形

**解** Matlab 命令为

```
x=1:5;
subplot(2,3,1),bar(x),title('直方图')↙
subplot(2,3,2),stairs(x),title('阶梯图')↙
subplot(2,3,3),stem(x,'rp'),title('火柴棍图')↙
subplot(2,3,4),pie(x),title('饼图')↙
subplot(2,3,5),pie3(x),title('三维饼图')↙
subplot(2,3,6),area(x),title('面积图')↙
```

# 3.3 Matlab 空间曲线绘图

空间参数曲线的方程为 $x=x(t), y=y(t), z=z(t)$,参数 $t$ 连接了变量 $x,y,z$ 的函数关系。Matlab 提供了空间参数曲线绘图功能。其绘图指令是 plot3。

## 3.3.1 三维空间曲线命令 plot3

指令 plot3 与指令 plot 用法完全相同,都是 Matlab 内部函数。其命令格式如下:

- 命令格式 1:plot3(x,y,z)
- 命令格式 2:plot3(x,y,z,'String')
- 命令格式 3:plot3(x1,y1,z1,' String1',x2,y2,z2,'String2',…)

说明:当 x,y,z 为长度相同的向量时,plot3 命令将绘得一条分别以向量 x,y,z 为 x,y,z 轴坐标值的空间曲线。String 用来控制曲线的颜色、线型和数据点。命令格式 3 是在同一图形窗口画多条空间曲线。

**例 1** 画出螺旋线 $\begin{cases} x=\sin t \\ y=\cos t \\ z=t \end{cases}$ $(0\leqslant t\leqslant 10\pi)$与空间曲线 $\begin{cases} x=\cos t \\ y=\sin t \\ z=\dfrac{1}{t} \end{cases}$ $(0.1\leqslant t\leqslant 1.5)$。

**解** ①建立命令文件 exam33.m

```
%螺旋线
t1 = 0:pi/25:10 * pi;
x1 = sin(t1);y1 = cos(t1);z1 = t1;
subplot(1,2,1),plot3(x1,y1,z1,'r')
title('螺旋线'),xlabel('x 轴'),ylabel('y 轴'),zlabel('z 轴')
%空间曲线
t2 = 0.1:.01:1.5;
x2 = cos(t2);y2 = sin(t2);z2 = 1./t2;
subplot(1,2,2),plot3(x2,y2,z2,'g.'),grid on
```

②执行命令文件 exam33.m

```
exam33↙            %画出图形,见图 3.14
```

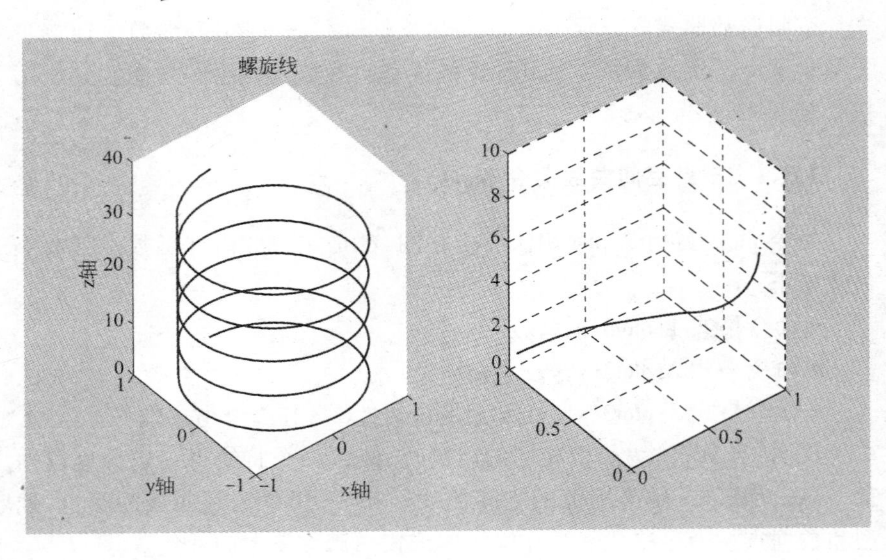


图 3.14　两条空间曲线

### 3.3.2　坐标轴的控制

在 Matlab 中可以利用指令 axis 来完成坐标轴的控制。其使用格式是:

- 命令形式 1:axis([xmin xmax ymin ymax])

功能:设定二维图形坐标轴的范围,$x_{\min} \leqslant x \leqslant x_{\max}$,$y_{\min} \leqslant y \leqslant y_{\max}$。

• 命令形式 2:axis([xmin xmax ymin ymax zmin zmax])

功能:设定三维图形坐标轴的范围,$x_{min} \leqslant x \leqslant x_{max}$,$y_{min} \leqslant y \leqslant y_{max}$,$z_{min} \leqslant z \leqslant z_{max}$。

• 命令形式 3:axis auto

功能:将坐标轴的取值范围设为默认值。

• 命令形式 4:axis ij

功能:坐标原点设置在图形窗口的左上角,坐标轴 $i$ 垂直向下,$j$ 水平向右。

• 命令形式 5:axis xy

功能:设定为笛卡尔坐标系。

• 命令形式 6:axis equal

功能:使坐标轴在三个方向上刻度增量相同。

• 命令形式 7:axis square

功能:使坐标轴在三个方向上长度相同。

• 命令形式 8:axis

功能:返回一个向量.这个向量表示当前图形坐标轴的范围.如果是二维图形,则返回 4 个数字;如果是三维图形则返回 6 个数字。

• 命令形式 9:axis on

功能:恢复消隐的坐标轴。

• 命令形式 10:axis off

功能:使坐标轴消隐。

## 3.4 Matlab 空间曲面绘图

二元函数 $z=f(x,y)$ 的图形是三维空间曲面,空间曲面图形在了解二元函数特性上帮助更大。画空间曲面图形比画平面曲线图形难，如果使用其他计算机语言编程来画出空间曲面图形要有较高编程能力，一般人员做不到。Matlab 给我们提供了非常方便的绘制空间曲面图形的命令。

### 3.4.1 meshgrid 命令

二元函数 $z=f(x,y)$的图形是三维空间曲面,在 Matlab 中总是假设函数 $z=f(x, y)$是定义在矩形区域 $D=[x_0,x_m]\times[y_0,y_n]$上的。为了绘制三维曲面,Matlab 把$[x_0,x_m]$分成 $m$ 份,把$[y_0,y_n]$分成 $n$ 份,这时区域 $D$ 就被分成小矩形块。每个小矩形块有 4 个顶点(顶点也叫格点)$(x_i,y_i)$,对应空间的点为$(x_i,y_i,f(x_i,y_i))$,连接 4 个顶点得到一个空间中的四边形片。所有这些四边形片就构成函数的空间曲面图。而函数 meshgrid 就是用来生成 $xOy$ 平面上的小矩形顶点坐标值的矩阵,也称为格点矩阵。函数 meshgrid 也适用于三元函数 $u=f(x,y,z)$。

meshgrid 的调用形式是:

- [X,Y] = meshgrid(x,y)　　绘制二维图形时生成小矩形的格点
- [X,Y] = meshgrid(x)　　等价于[X,Y] = meshgrid(x,x)
- [X,Y,Z] = meshgrid(x,y,z)绘制三维图形时生成空间曲面的格点
- [X,Y,Z] = meshgrid(x)　　等价于[X,Y,Z] = meshgrid(x,x,x)

说明:x 是区间$[x_0,x_m]$上分划点组成的 $m$ 维向量,而 $y$ 是区间$[y_0,y_n]$上分划点组成的 $n$ 维向量。输出变量 X 与 Y 都是 $n\times m$ 矩阵,而矩阵 X 的行向量都是向量 x, 矩阵 Y 的列向量都是向量 y。

**例 1** 已知向量 $\boldsymbol{x}=[1\ 2\ 3]$,$\boldsymbol{y}=[4,7,9,0]$,生成它们对应的格点矩阵,并画出在平面上产生的点。

**解** Matlab 命令为:

```
x=[1 2 3];↙
y=[4 7 9 0];↙
[X,Y]=meshgrid(x,y)↙
plot(x,y,'p')↙            %绘出图形,见图 3.15
```

输出结果为

```
X =
     1     2     3
     1     2     3
     1     2     3
     1     2     3
```

```
Y =
    4    4    4
    7    7    7
    9    9    9
    0    0    0
```

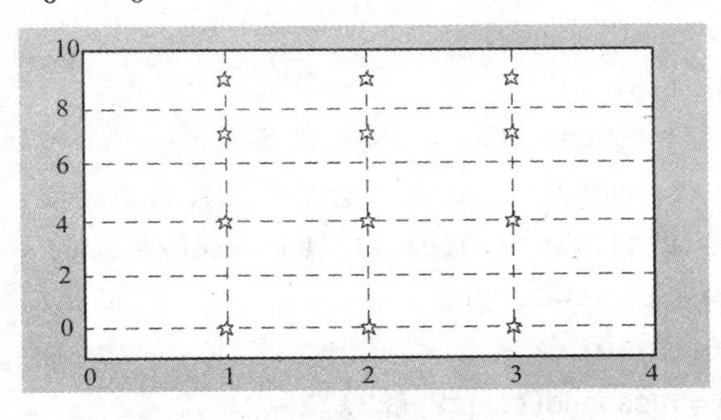


图 3.15　向量 ***x***,***y*** 格点图

说明:输出矩阵 X 与 Y 都是 4×3 矩阵,它们生成 *xOy* 平面上的 12 个小格点,这些格点坐标为:(1,4),(1,7),(1,9),(1,0),(2,4),(2,7),(2,9),(2,0),(3,4),(3,7),(3,9),(3,0)。

### 3.4.2　三维网格图命令 mesh

由函数 meshgrid 生成格点矩阵后,就可以求出各格点对应的函数值,然后利用三维网格图命令 mesh 与三维表面图命令 surf 画出空间曲面图。函数 mesh 用来生成函数的网格曲面,即只对网格线进行着色的曲面;而函数 surf 用来生成函数的表面曲面,即对网格曲面的网格块(四边形片)区域进行了着色。

(1) mesh

函数 mesh 有如下三种形式:

- mesh(X,Y,Z)　X,Y,Z 是同维数的矩阵
- mesh(x,y,Z)　x,y 是向量,而 Z 是矩阵。等价于

$$\begin{cases}[X,Y] = \text{meshgrid}(x,y)\\ \text{mesh}(X,Y,Z)\end{cases}$$

● mesh(Z)　　　　若提供参数 x,y,等价于 mesh(x,y,Z),否则默认 x = 1:n,y = 1:m

**例 2**　画出函数 $z=\sin(x+\sin y)$在 $-3\leqslant x,y\leqslant 3$ 上的图形,以及函数 $z=x^2-2y^2$ 在 $-10\leqslant x,y\leqslant 10$ 上的图形。

**解**　①建立命令文件 exam34.m

```
%函数 z = sin(x + sin y)
t1 = -3:.1:3;
[x1,y1] = meshgrid(t1);        %生成格点矩阵
z1 = sin(x1 + sin(y1));        %计算格点处的函数值
subplot(1,2,1),mesh(x1,y1,z1),title('sin(x + siny)')
%马鞍面 z = x^2 - 2y^2
t2 = -10:.3:10;
[x2,y2] = meshgrid(t2);z2 = x2.^2 - 2 * y2.^2;
subplot(1,2,2),mesh(x2,y2,z2),title('马鞍面')
```

②执行命令文件 exam34.m

```
exam34↙                 %绘出图形,见图 3.16
```

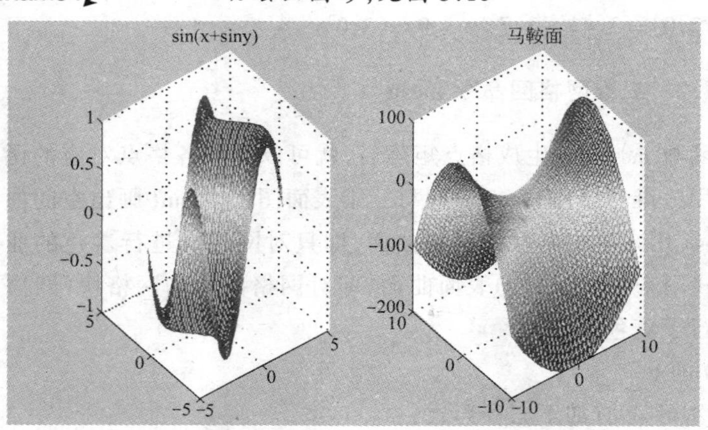


图 3.16　函数 $z=\sin(x+\sin y)$与马鞍面的网格图

(2)meshc 和 meshz

meshc 与 mashz 的调用方式与 mesh 相同。meshc 除了生成网格曲面外,还在 $xOy$ 平面上生成曲面的等高线图形,而函数 meshz 的作用除了生

成与 mesh 相同的网格曲面之外，还在曲线下面加上一个长方形的台柱，使图形更加美观。

**例3** 分别用指令 mesh，meshc，meshz 画出函数 $z=\sin(\sqrt{x^2+y^2})/\sqrt{x^2+y^2}$ 在 $-8\leqslant x,y\leqslant 8$ 上的图形。

**解** ①建立命令文件 exam35.m

```
%函数 z = sin(sqrt(x^2 + y^2))/sqrt(x^2 + y^2)
t = -8:.3:8;
[x,y] = meshgrid(t);r = sqrt(x.^2 + y.^2) + eps;z = sin(r)./r;
subplot(1,3,1),meshc(x,y,z)
%加注标题,并且控制轴的的范围是: -8 < = x < = 8, -8 < =
  y < = 8, -0.5 < = x < = 0.8
title('meshc'),axis([-8 8 -8 8 -0.5 0.8])
subplot(1,3,2),meshz(x,y,z)
title('meshz'),axis([-8 8 -8 8 -0.5 0.8])
subplot(1,3,3),mesh(x,y,z)
title('mesh'),axis([-8 8 -8 8 -0.5 0.8])
```

②执行命令文件 exam35.m

```
exam35↙            %绘出图形,见图 3.17
```

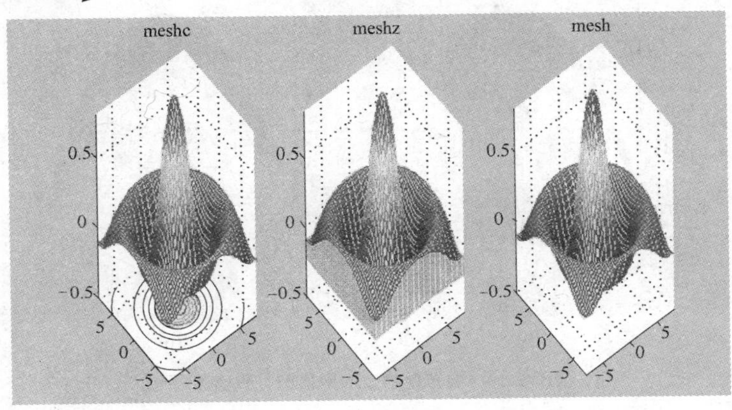


图 3.17 函数 $z=\sin(\sqrt{x^2+y^2})/\sqrt{x^2+y^2}$ 的网格图

说明:由于在邻近原点处,r 的某些元素可能会很小,因此加入 eps 可以避免出现零为除数。

### 3.4.3 三维表面图命令 surf

surf 的调用方式与 mesh 相同,这里不再重复。不同之处是 surf 绘得是曲面而不是网格。

**例 4** 通过画函数 $z = 3 - x^2 - y^2$, $-1 \leqslant x, y \leqslant 1$ 的图形来比较指令 surf 与 mesh。

**解** Matlab 命令为

```
t= -1:.1:1;↙
[x,y] = meshgrid(t);↙
z=3-x.^2-y.^2;↙
subplot(1,2,1),mesh(x,y,z),title('网格图')↙    %绘出图形,见图3.18(a)
subplot(1,2,2),surf(x,y,z),title('表面图')↙    %绘出图形,见图3.18(b)
```

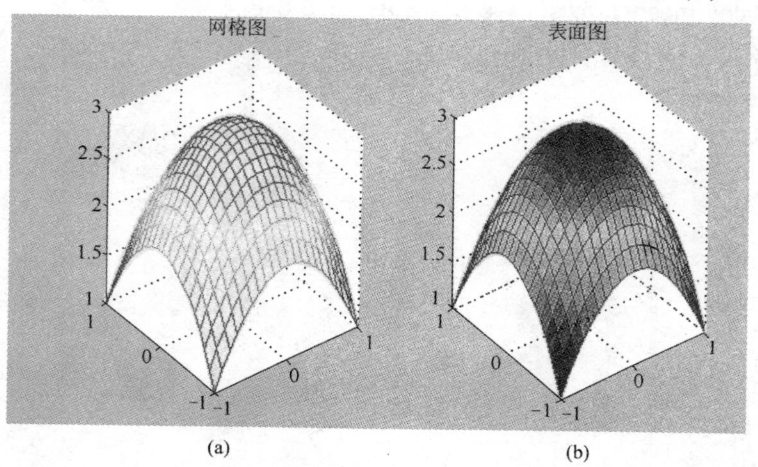


图 3.18 旋转抛物面的网格图与表面图

**例 5** 画平面 $z = 0$ 与 $2x - 2y + z = 5$ 的图形。

**解** ①建立命令文件 exam36.m

```
%平面 z=5
clf;
t= -10:.5:10;
[x,y]=meshgrid(t);          %生成格点矩阵
%保证 z 与 x,y 的维数相同,否则 mesh(x,y,z)会出错
z=0*ones(length(t));
subplot(1,2,1),mesh(x,y,z),title('z=5')
%平面 2x-2y+z=5
t2= -1:.1:1;
[x2,y2]=meshgrid(t2);z2=5-2*x2+3*y2;
subplot(1,2,2),mesh(x2,y2,z2),title('2x-2y+z=5')
```

②执行命令文件 exam36.m

```
exam36↙          %绘出图形,见图 3.19
```

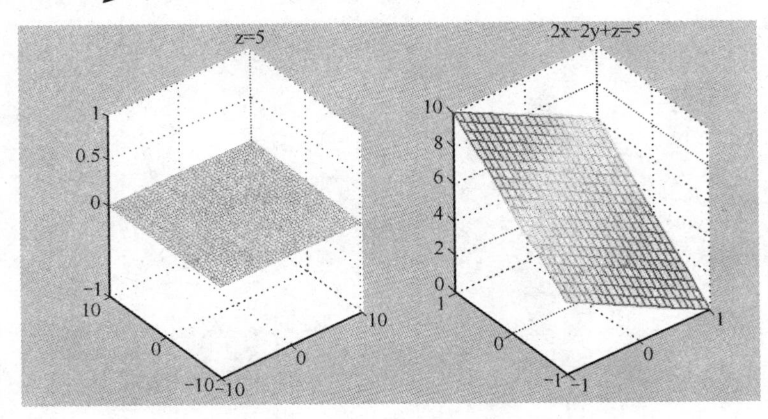


图 3.19 平面

**例 6** 用平行截面法讨论由方程构成的马鞍面形状。

**解** ①建立命令文件 exam37.m

```
%马鞍面
t= -10:.1:10;[x,y]=meshgrid(t);
z1=(x.^2-2*y.^2)+eps;
subplot(1,3,1),mesh(x,y,z1),title('马鞍面')
```

```
%平面
a = input('a = ( - 50 < a < 50)')        %动态输入
z2 = a * ones(size(x));
subplot(1,3,2),mesh(x,y,z2),title('平面')
%r0是与z1,z2同维数的矩阵,由于r0是关系表达式的值,所以它的
  元素是数1和0
r0 = abs(z1 - z2) < = 1;
zz = r0. * z2;yy = r0. * y;xx = r0. * x;
%交线是空间曲线,故用plot3
subplot(1,3,3),plot3(xx(r0 ~ = 0),yy(r0 ~ = 0),zz(r0 ~ = 0),'x')
title('交线')
```

②执行命令文件 exam37.m

```
exam37↙            %绘出图形,见图3.20
```

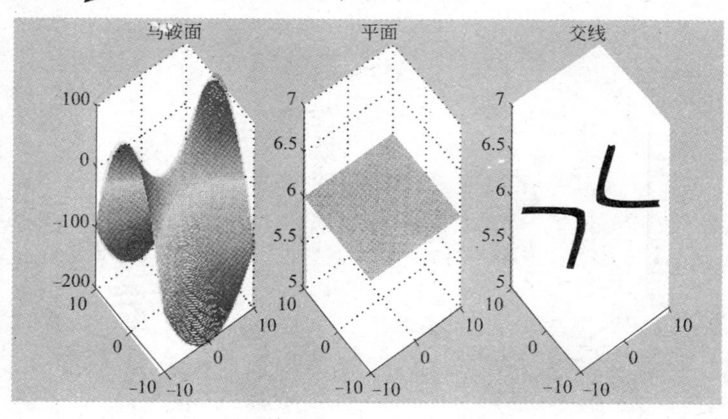


图 3.20 分析马鞍面的形状

**例 7** 画出图 3.21 所示的曲面与其法线方向向量。

**解** ①建立命令文件 exam48.m

```
t1 = 0:pi/10:2 * pi;
t2 = 0:.5:5;
[t,r] = meshgrid(t1,t2);
z = sqrt(r.^3);
```

```
[x,y,z] = po12cart(t,r,z);
surf(x,y,z)
hold on
[u,v,w] = surfnorm(x,y,z);
quiver3(x,y,z,u,v,w)
```

②执行命令文件 exam48.m

```
exam48↙              %绘出图形,见图 3.21
```

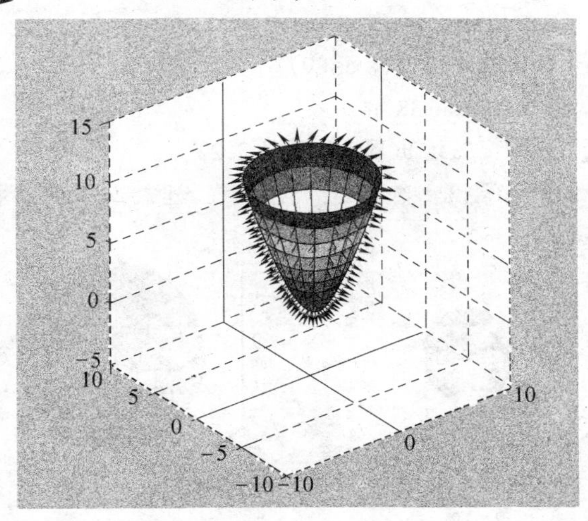


图 3.21　曲面及其法向

### 3.4.4　球面与柱面的表达

cylinder 和 sphere 命令是 Matlab 提供的两个用来绘制柱面与球面的命令。

(1)球面的表达

- 命令形式 1:sphere(n)

功能:绘制一个单位球面,且球面上分格线条数为 n。

- 命令形式 2:[x,y,z] = sphere(n)

功能:x,y,z 是返回的(n + 1) × (n + 1)矩阵,且 surf(x,y,z)正好为单位球面。

**例 8**　画函数 $x^2+y^2+z^2=1$ 与 $x^2+y^2+z^2=4$ 的图形。

**解**　①建立命令文件 exam38.m

```
%半径为 1 的球面
v=[-2 2 -2 2 -2 2];
subplot(1,2,1),sphere(30),title('半径为 1 的球面'),axis(v)
%半径为 3 的球面
[x,y,z]=sphere(30);
subplot(1,2,2),surf(2*x,2*y,2*z)
title('半径为 2 的球面'),axis(v)
```

②执行命令文件 exam38.m

```
exam38↙            %绘出图形,见图 3.22
```

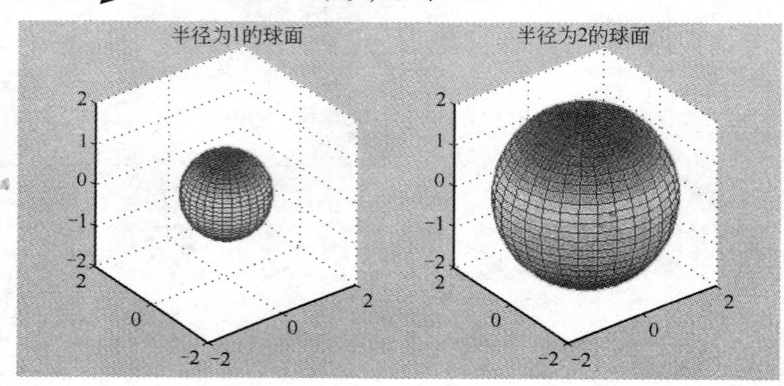


图 3.22　球面

(2)柱面的表达

绘制一个柱面需要确定它的母线与轴线,在 cylinder 命令中,柱面的轴线定为 z 轴, r 表示柱面的母线,是一向量。其使用格式与 sphere 格式完全相同。

- 命令形式 1:cylinder(r,n)

功能:绘制柱面,且柱面上分格线条数为 n。

- 命令形式 2:[x,y,z]=cylinder(n)

功能:x,y,z 是返回的(n+1)×(n+1)矩阵,且 surf(x,y,z)正好为柱面。

**例 9**　画柱面 $x^2+y^2=1$ 与旋转曲面。

**解**　Matlab 命令为

```
r= -1:.1:1;↙
subplot(1,2,1),cylinder(1,50),title('柱面')↙
                                        %绘出图形,见图 3.23(a)
subplot(1,2,2),cylinder(sqrt(abs(r)),50),title('旋转曲面')↙
                                        %绘出图形,见图 3.23(b)
```

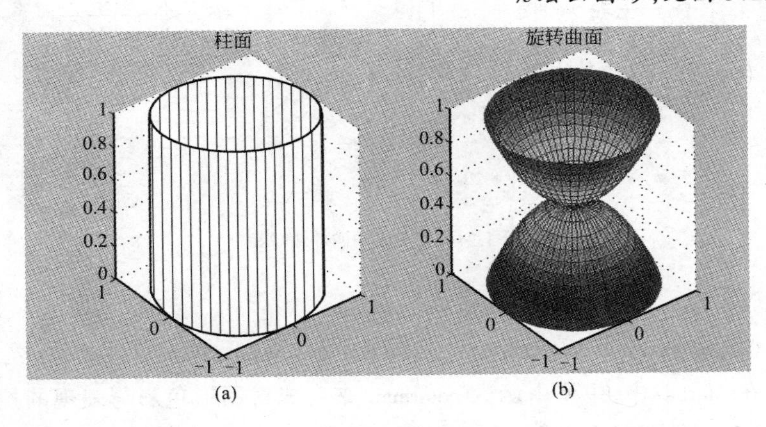


图 3.23　旋转面

(3)在极坐标下绘制图形

- 命令形式:pol2cart(t,r)

功能:直接将极坐标系下表达的坐标值矩阵像在 Plot 命令中一样绘制成连线图。

**例 10**　画心形线和四叶玫瑰线。

**解**　(1)建立命令文件 exam348.m

```
clf
t=0:pi/100:6*pi;
s1=2*sin(2*t);
s2=2*(1-cos(t));
subplot(1,2,1),polar(t,s1,'.')
subplot(1,2,2),polar(t,s2)
```

(2)执行命令文件 exam348.m

%绘出图形,见图 3.24

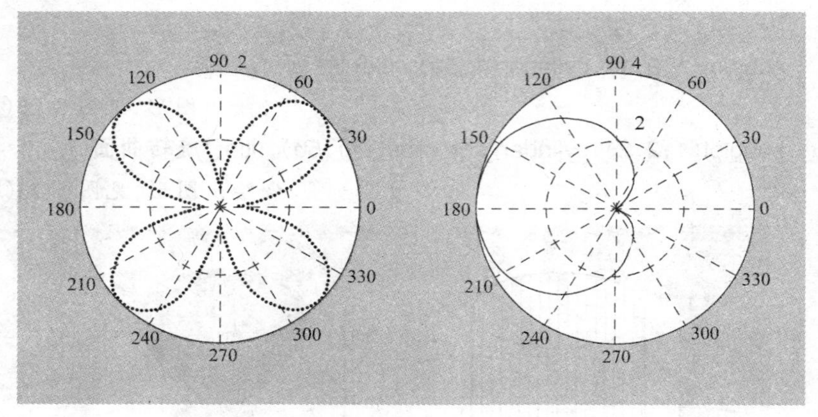


图 3.24　心形线和四叶玫瑰线

### 3.4.5　色彩控制

(1)colormap

在 Matlab 中,主要由函数 colormap 来完成对图形色彩与表现的控制。

● 命令形式 1:colormap([R,G,B])

功能:用单色绘图,[R,G,B]代表一个配色方案,R 代表红色,G 代表绿色,B 代表蓝色,且 R,G,B 必须在[0 1]区间内。

● 命令形式 2:colormap(T)

功能:T 是 m×3 色图矩阵,用多种颜色绘图。

下面列出常用的色图名称和其产生的函数:

**表 3.5　色图名称及产生函数**

| 色图名称 | 产生函数 | 色图名称 | 产生函数 |
|---|---|---|---|
| 蓝色调灰色图 | bone | 黑红黄白色图 | hot |
| 青红浓淡色图 | cool | 饱和色图 | hsv |
| 线性纯铜色图 | copper | 一种色图的变体 | jet |
| 红白蓝黑交错图 | flag | 粉红色图 | pink |
| 线性灰度色图 | gray | 光谱色图 | prism |

(2)图形的透视 hidden 与光照控制 shading

● hidden on　　　　消隐重叠线

- hidden off　　透视重叠线
- shading flat　　网格线的分块着色
- shading faceted　　默认的着色方式,网格线是黑色
- shading interp　　着色光顺性最好

**例 9**　透视演示。

**解**　Matlab 命令文件(绘出图 3.25)如下:

```
[X0,Y0,Z0] = sphere(30);↙
X = 2 * X0;Y = 2 * Y0;Z = 2 * Z0;↙
surf(X0,Y0,Z0);↙                    %画一半径为 1 的单位球
shading interp↙                     %使单位球的着色光顺性最好
hold on,mesh(X,Y,Z),                %在同一图形窗口画一半径为 2 的球
colormap(hot),hold off
hidden off↙
axis equal,axis off↙                %消隐坐标轴
```

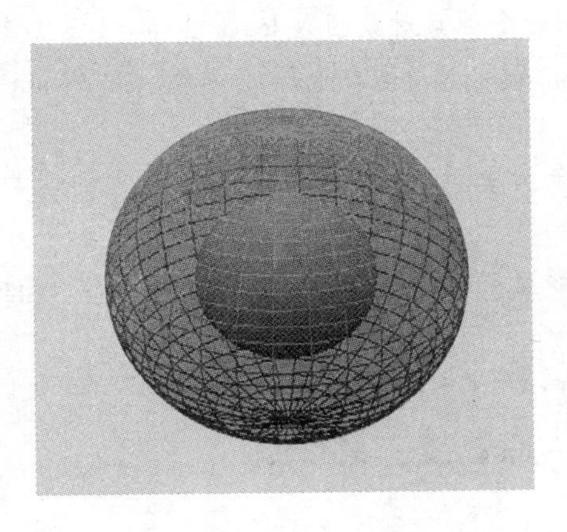

图 3.25　剔透玲珑球

(3)图形的视角控制

函数 view 用来控制三维图形的观察点与视角。其使用格式为:

- 命令形式 1:view(az,el)

功能:在球坐标系中设定视角的命令,az 为方位角,el 为俯视角。

- 命令形式 2:view([az,el])

功能:在球坐标系中设定视角的命令,az 为方位角,el 为俯视角。

- 命令形式 3:view([x,y,z])

功能:在直角坐标系内设置观察点的位置(x,y,z)。

- 命令形式 4:view(2)

功能:产生俯视二维图,此时 az = 0,el = 90。

- 命令形式 5:view(3)

功能:此时 az = -37.5,el = 30。

## 习　　题

1.用函数绘图命令观察幂函数 $x^{\mu}$ 当 $\mu = -1$、$-1/2$、$1/2$、2、3、4 的图形特点。

2.用函数绘图命令观察指数函数 $a^x$ 当 $a = 1/3$、$1/2$、2、3 的图形特点。

3.用函数绘图命令观察对数函数 $\log_b x$ 当 $b = 1/3$、$1/2$、2、3 的图形特点。

4.分别用 plot,fplot,ezplot 命令绘出函数 $y = x^2 \sin x$ 在[-4,4]区间的图像。

5.试绘出颜色为黄色、数据点用钻石形标出的函数 $y = 3\cos x e^{\sin x}$ 在[0,5]上的虚线形。

6.在一个图形窗口画下面 4 个图形并练习指令 gtext,axis,legend,title,xlabel,ylabel:

(1) $y = x\sin x, x \in (-\pi, \pi)$,;

(2) $y = x\tan \frac{1}{x}\sin x^3, x \in (\pi, 4\pi)$;

(3) $y = x^3$;

(4) $y = \tan x + \sin x, x \in (1,8)$。

7.绘制摆线。

8.在一个图形窗口画半径为 1 的球面、$z = 4$ 的平面以及马鞍面 $z = 2x^2 - y^2$。

9.画马鞍面 $z = 3x^2 - 2y^2$ 与平面 $z = 4$ 的交线。

10.列出求空间两任意曲面的交线的 Matlab 程序。

# 第4章　初等代数运算

## 4.1　多项式的表达与运算

### 4.1.1　多项式的表达

多项式是我们最熟悉的简单表达式，$n$ 次一元多项式的一般形式为

$$P_n(x) = a_0 + a_1 x + a_2 x^2 + \cdots + a_n x^n。$$

在 Matlab 中，用 $P_n(x)$ 的系数组成的行向量

$$p = [a_n \quad a_{n-1} \quad a_{n-2} \quad \cdots \quad a_1 \quad a_0]$$

来表达多项式 $P_n(x)$。如果多项式有缺项，输入时要用 0 作为缺项的系数。

命令

poly2str(p,'x')

可以给出多项式 $P_n(x)$ 的习惯形式。

**例 1**　输入多项式 $x^4 + 6x^3 - 8x + 10$。

**解**　Matlab 命令为

```
p=[1  6  0  -8  10]↙   %缺少 x^2 项，故用 0 代替 a_2 输入
p =
    1  6  0  -8  10
```

**例 2**　以惯用的方式表示例 1 中的多项式。

**解**　Matlab 命令为

```
pr=poly2str(p,'x')↙
pr =
      x^4+6x^3-8x+10
```

### 4.1.2 多项式的运算

Matlab 有专门的函数进行多项式计算。用赋值语句将多项式计算结果赋给变量是处理多项式计算的通常方式。下面来介绍常用的一些命令。下面的命令中出现的字母 a,b 等表示多项式对应的系数向量,它们代表参与运算的多项式。

(1)多项式的加法(减法)

Matlab 直接用多项式对应系数向量的加减法来进行多项式的加减法。如果两个多项式的阶数相同,则可直接进行加减,如果两个多项式阶数不同,则需用首零填补,使之具有和高阶的多项式一样的阶数。

- 命令形式:a + b

功能:计算多项式 a 与多项式 b 之和。

- 命令形式:a – b

功能:计算多项式 a 与多项式 b 之差。

**例 3** 将多项式 $x^2+1$ 与多项式 $x^2+x+1$ 作和,并与多项式 $x^3-x+2$ 作差。

**解** Matlab 命令为

```
a=[1  0  1];b=[1  1  1];↙        %a 对应多项式 x^2+1,b 对应多项式 x^2+x+1
q1 = a + b↙                       %q1 对应 x^2+1 与 x^2+x+1 的和

q1 =
    2  1  2
a=[0  1  0  1];↙                  %x^2+1 的阶数没有 x^3-x+2 高,用 0 填补到同阶

c=[1  0  -1  2];↙
q2 = a - c↙
q2 =
    -1  1  1  -1
```

(2)多项式乘法

● 命令形式:conv(a,b)

功能:计算多项式 $a$ 与多项式 $b$ 的乘积。

注:如果使用命令 p = conv(a,b),则可以得到乘积结果存放在变量 $p$ 中,$p$ 可以选用其他任何字母。

**例 4**　求多项式 $x^2+1$ 和多项式 $x^3-x+3$ 的乘积,并用习惯形式表达。

**解**　Matlab 命令为

```
a=[1  0  1];b=[1  0  -1  3];↙
p=conv(a,b)↙
p =
   1   0   0   3   -1   3
pr=poly2str(p,'x')↙
pr =
     x^5 + 3x^2 - 1x + 3
```

(3)多项式除法

● 命令形式:[q,r] = deconv(a,b)

功能:做多项式 $a$ 除以多项式 $b$ 的运算,即 $a \div b$。计算结果得到的商是 $q$,余子式是 $r$。$q$,$r$ 都是向量且可以选用任何其他字母。

**例 5**　求多项式 $x^4+7x^3+16x^2+18x+8$ 与多项式 $x+3$ 的商及余子式。

**解**　Matlab 命令为

```
a=[1  7  16  18  8];b=[1  3];↙
[q,r]=deconv(a,b)↙
q =
   1   4   4   6
r =
   0   0   0   0   -10
```

由计算结果可以知道商是 $x^3+4x^2+4x+6$,余子式是 $-10$。

(4)求方阵的特征多项式

● 命令形式:poly(A)

功能:方阵 $A$ 的特征多项式。

**例 6** 求 3 阶方阵 $A=[1,2,3;4,15,60;7,8,9]$的特征多项式。

**解** Matlab 命令为

```
A=[1,2,3;4,15,60;7,8,9];↙
pa=poly(A);↙
pa1=poly2str(pa,'x')↙
pa1 =
    x^3 - 25x^2 - 350x - 204
```

(5)对多项式求导

● 命令形式:polyder(a)

功能:求多项式 $a$ 的导数。

**例 7** 求多项式 $x^4-x^3+6x^2+7$ 的导数。

**解** Matlab 命令为

```
a=[1  -1  6  0  7];↙
p=polyder(a);↙
pa=poly2str(p,'x')↙
pa =
    4x^3 - 3x^2 + 12x
```

(6)对多项式的乘积进行求导

● 命令形式:polyder(p1,p2)

功能:求多项式 p1 与多项式 p2 乘积的导数。

**例 8** 求多项式 $x^3+6x+5$ 与多项式 $x^2-4x+6$ 的乘积的导数。

**解** Matlab 命令为

```
p1=[1  0  6  5];p2=[1  -4  6];↙
p=polyder(p1,p2);↙
pa=poly2str(p,'x')↙
pa =
    5x^4 - 16x^3 + 36x^2 - 38x + 16
```

(7)多项式数据拟合

● 命令形式:p = polyfit(x,y,n)

功能:给定向量 x,y 对应的(x[i],y[i])作为数据点,拟合成 n 次多项式,p 为所求拟合多项式的系数向量,向量 x,y 具有相同的维数,n 为正整数。

**例 9**　求数据

| x | 0 | 0.1 | 0.2 | 0.3 | 0.4 | 0.5 | 0.6 | 0.7 | 0.8 | 0.9 | 1.0 |
|---|---|---|---|---|---|---|---|---|---|---|---|
| y | 2.1 | 2.3 | 2.5 | 2.9 | 3.2 | 3.3 | 3.8 | 4.1 | 4.9 | 5.4 | 5.8 |

的 6 次拟合多项式。

**解**　Matlab 命令为

```
x=0:0.1:1;y=[2.1 2.3 2.5 2.9 3.2 3.3 3.8 4.1 4.9 5.4 5.8];↙
p=polyfit(x,y,6);↙
pa=poly2str(p,'x')↙
pa =
    -4.085x^6-31.0143x^5+87.4026x^4-72.6557x^3+
    24.3351x^2-0.29986x+2.1086
```

说明:数据点的 6 次拟合多项式为

$$-4.085x^6-31.0143x^5+87.4026x^4-72.6557x^3+24.3351x^2-0.29986x+2.1086$$

(8)计算 x 为向量或矩阵点处多项式的值

● 命令形式:polyval(a,x)

功能:计算多项式 $a$ 的变量在点阵 $\boldsymbol{x}$ 处的值。$\boldsymbol{x}$ 可以为向量或矩阵,计算结果是与 $\boldsymbol{x}$ 同维的向量或矩阵。

**例 10**　求多项式 $3x^2+2x+1$ 在 $x=1,4,5,8$ 时的值。

**解**　Matlab 命令为

```
p=[3  2  1];x=[1  4  5  8];↙
polyval(p,x)↙
ans =
     6   57   86   209
```

结果表明:

$f(1)=6, f(4)=57, f(5)=86, f(8)=209$

**例 11** 随机产生一个 3 阶方阵，并求出多项式 $4x^3-3x+12$ 在此方阵处的值。

**解** Matlab 命令为

```
x = rand(3);↙                %产生一个3阶的方阵
p = [4  0  -3  12];↙
pm = polyval(p,x)↙
pm =
    17.1939    7.9770    3.7682
    2.1513     13.8765   1.2611
    6.7585     8.7950    15.1120
```

## 4.2 有理多项式的运算

两个多项式相除构成有理函数，它的一般形式为

$$\frac{P(x)}{Q(x)}=\frac{a_0x^n+a_1x^{n-1}+\cdots+a_{n-1}x+a_n}{b_0x^m+b_1x^{m-1}+\cdots+b_{m-1}x+b_m}。$$

在 Matlab 中提供了有理函数运算的一些函数，常用的函数见表 4.1。

**表 4.1 有理函数的运算函数**

| 函数名称 | 功能简介 |
|---|---|
| [Num,Den] = polyder(p1,p2) | 对有理分式(p1/p2)求导数 |
| [r,p,k] = residue(a,b) | 部分分式展开式 |
| [a,b] = residue(r,p,k) | 部分分式组合 |

(1)对有理分式(p1/p2)求导数

调用函数[Num,Den] = polyder(p1,p2)，其中 p1 是有理分式的分子，p2 是有理分式的分母，Num 是导数的分子，Den 是导数的分母。

**例 1** 求多项式 $x^5+x^4-6x^3+2x^2+4$ 除以多项式 $x^3+4x^2+x-7$ 的导数。

**解** Matlab 命令为

```
p1 = [1  1  -6  2  0  4];↙
```

```
p2=[1  4  1  -7];↙
[num den]=polyder(p1,p2);↙
p1a=poly2str(num,'x')↙
p1a =
      2x^7 + 13x^6 + 12x^5 - 58x^4 - 40x^3 + 116x^2 - 60x - 4
p1b=poly2str(den,'x')↙
p1b =
      x^6 + 8x^5 + 18x^4 - 6x^3 - 55x^2 - 14x + 49
```

结果表明：

$$\left(\frac{x^5+x^4-6x^3+2x^2+4}{x^3+4x^2+x-7}\right)'=\frac{2x^7+13x^6+12x^5-58x^4-40x^3+116x^2-60x-4}{x^6+8x^5+18x^4-6x^3+55x^2-14x+49}$$

(2)部分分式展开式

调用函数[r,p,k]=residue(a,b)，其中 a、b 分别是分子、分母多项式的系数向量；r、p、k 分别是留数、极点和直项。

**例 2**　对有理多项式$\dfrac{3x^4+2x^3+5x^2+4x+6}{x^5+3x^4+4x^3+2x^2+7x+2}$进行部分分式展开。

**解**　Matlab 命令为

```
a=[3  2  5  4  6];↙
b=[1  3  4  2  7  2];↙
[r,s,k]=residue(a,b)↙
r =
      1.1274 + 1.1513i
      1.1274 - 1.1513i
     -0.0232 - 0.0722i
     -0.0232 + 0.0722i
      0.7916
s =
     -1.7680 + 1.2673i
     -1.7680 - 1.2673i
      0.4176 + 1.1130i
```

```
    0.4176 - 1.1130i
   - 0.2991
k =
   []
```

(3)部分分式组合

调用函数[a,b] = residue(r,p,k)为部分分式展开的逆运算。

## 4.3 代数式的符号运算

在多项式和有理分式的计算过程中使用符号计算比较简便,常用的运算指令见表 4.2。

表 4.2 符号运算函数的调用格式

| 指　令 | 含　义 |
|---|---|
| p = factor(s) | p 是对 s 定义的多项式进行因式分解的结果 |
| p = expand(s) | p 是对 s 定义的多项式进行展开的结果 |
| p = collect(s) | 把 s 中 x 的同幂项系数进行合并 |
| p = collect(s,v) | 把 s 中 v 的同幂项系数进行合并 |
| p = simple(s) | 对 s 进行化简 |
| sn = subs(s,'old','new')<br>r = vpa(sn) | 这两条命令实现代数式的求值问题。sn 是变量替换后的符号表达式的变量名,s 为替换前,old 为被替换变量,new 为替换变量,r 为最终求得结果 |

**例 1**　对多项式 $120 - 46x - 19x^2 + 4x^3 + x^4$ 进行因式分解。

**解**　Matlab 命令为

```
s = sym(['120 - 46 * x - 19 * x^2 + 4 * x^3 + x^4']);↙
p = factor(s)↙
p =
   (x + 5) * (x + 4) * (x - 2) * (x - 3)
```

**例 2**　设多项式 $p = (1 + 2x - y)^2$,求 $p$ 的展开多项式;并按 $y$ 的同次幂合并形式展开多项式 $p$。

**解**　Matlab 命令为

```
s = sym(['(1 + 2 * x - y)^2']);↙
```

```
p = expand(s)↙
p =
    1 + 4 * x - 2 * y + 4 * x^2 - 4 * x * y + y^2
p1 = collect(p,'y')↙
p1 =
    y^2 + ( - 2 - 4 * x) * y + 1 + 4 * x + 4 * x^2
```

**例 3**　化简分式$(4x^2+8x+3)/(2x+1)$。

**解**　Matlab 命令为

```
s = sym(['(4 * x^2 + 8 * x + 3)/(2 * x + 1)']);↙
p = simple(s)↙
p =
    2 * x + 3
```

**例 4**　求上例中分式在 $x = 2$ 处的函数值。

**解**　Matlab 命令为

```
s = sym(['(4 * x^2 + 8 * x + 3)/(2 * x + 1)']);↙
r = subs(s,'x','2');↙
vpa(r)↙
ans =
      7.
```

**例 5**　设多项式 $p=(1+2x-xy)^2$ 按 $x$ 的同次幂合并形式展开多项式 $p$。

**解**　Matlab 命令为

```
s = sym(['(1 + 2 * x - x * y)^2']);↙
p = expand(s);↙
p1 = collect(p)↙
p1 =
    (4 - 4 * y + y^2) * x^2 + (4 - 2 * y) * x + 1
```

## 4.4　方程求根

在数学中，函数等于零的式子就称为方程。令一元函数 $f(x)$ 等于

零:

$$f(x)=0 \tag{1}$$

就称为一元函数方程,它是研究较多的方程。当 $f(x)$ 不是 $x$ 的线性函数,则称(1)为非线性方程,特别,若 $f(x)$ 是 $n$ 次多项式,则称(1)为 $n$ 次多项式方程或代数方程,否则称(1)为超越方程。类似的还有多元函数方程组:

$$\begin{cases} f_1(x_1,x_2,\cdots,x_n)=0 \\ f_2(x_1,x_2,\cdots,x_n)=0 \\ \vdots \\ f_n(x_1,x_2,\cdots,x_n)=0 \end{cases} 。\tag{2}$$

这里,$f_i(x_1,x_2,\cdots,x_n)$ 是多元函数。式(1)或(2)中,使函数 $f(x)$ 取0值的点称为方程(1)或(2)的根或函数的零点。实际问题中,经常遇到需要求方程根的问题,Matlab 提供了一些命令可以方便地解决这些求根问题。

### 4.4.1 求多项式方程的根

$n$ 次多项式方程的一般形式为

$$a_0+a_1x+a_2x^2+\cdots+a_nx^n=0,$$

式中 $a_0,a_1,a_2,\cdots,a_n$ 为常数。

理论上已证明,$n$ 次多项式方程有 $n$ 个根,且对于次数 $n\leqslant 4$ 的多项式方程,它的根可以用公式表示,而次数大于5的多项式方程,它的根一般不能用解析表达式表示。因此,在 Matlab 中,对于次数 $n\leqslant 4$ 的多项式方程,可以快速求出所有根的准确形式,但对次数 $n>4$ 的多项式方程,就不一定能求出所有根的准确形式,但可以求出所有根的近似形式。

求多项式方程的根有如下一些命令:

- 命令形式 1:roots(p)

功能:求多项式 p 的所有根。

- 命令形式 2:solve(s)

功能:对一个方程 s 的默认变量求解。

- 命令形式 3:solve(s,v)

功能:对一个方程 s 的指定变量 v 求解。

• 命令形式 4:solve(s1,s2,…,sn)

功能:对 $n$ 个方程的默认变量求解。

• 命令形式 5:solve(s1,s2,…,sn,v1,v1,…,vn)

功能:对 $n$ 个方程的指定变量 v1,v2,…,vn 求解。

• 命令形式 6:[x1,x2,…,xn] = solve(s1,s2,…,sn)

功能:将默认变量求解的结果赋给 x1,x2,…,xn。

• 命令形式 7:[x1,x2,…,xn] = solve(s1,s2,…,sn,v1,v1,…,vn)

功能:将 $n$ 个方程的指定变量 v1,v2,…,vn 求解的结果赋给 x1,x2,…,xn。

**例 1** 求方程 $x^3-4x^2+9x-10=0$ 的所有根。

**解** Matlab 命令为

```
p=[1  -4  9  -10];↙
r=roots(p)↙
r =
   1.0000 + 2.0000i
   1.0000 - 2.0000i
   2.0000
```

或

```
s1=sym(['x^3-4*x^2+9*x-10']);↙
solve(s1)↙
ans =
      [      2]
      [1+2*i]
      [1-2*i]
```

所求全部根为 $x_1=1+2\mathrm{i}, x_2=1-2\mathrm{i}, x_3=0$。

**例 2** 求方程 $x^2-ax-4b=0$ 的所有根,$a,b$ 为常数。

**解** Matlab 命令为

```
s1=sym(['x^2-a*x-4*b']);↙
solve(s1,'x')↙
ans =
```

```
[1/2 * a + 1/2 * (a^2 + 16 * b)^(1/2)]
[1/2 * a - 1/2 * (a^2 + 16 * b)^(1/2)]
```

**例 3** 求方程 $x^6 - x^2 + 2x - 3 = 0$ 的所有根。

**解** Matlab 命令为

```
s1 = 'x^6 - x^2 + 2 * x - 3';↙
x = solve(s1);↙
xv = vpa(x,6)↙          %给出 x 的 6 位浮点近似
xv =
    [                  -1.40825]
    [  -.465869 - 1.19413 * i]
    [  -.465869 + 1.19413 * i]
    [   .608047 -  .885411 * i]
    [   .608047 +  .885411 * i]
    [                   1.12389]
```

**例 4** 求方程组

$$\begin{cases} x + 3y = 0 \\ x^2 + y^2 = 1 \end{cases}$$

的所有根。

**解** Matlab 命令为

```
s1 = 'x + 3 * y';s2 = 'x^2 + y^2 - 1';↙
[x,y] = solve(s1,s2,'x','y')↙
x =
   [-3/10 * 10^(1/2)]
   [ 3/10 * 10^(1/2)]
y =
   [ 1/10 * 10^(1/2)]
   [-1/10 * 10^(1/2)]
```

结果表明方程组有两组解：

$$\begin{cases} x_1 = \dfrac{-3\sqrt{10}}{10} \\ y_1 = \dfrac{\sqrt{10}}{10} \end{cases} \text{和} \begin{cases} x_1 = \dfrac{3\sqrt{10}}{10} \\ y_1 = \dfrac{-\sqrt{10}}{10} \end{cases}$$

**例 5**　求方程组

$$\begin{cases} a_1 + a_2 = 1 \\ x_1 a_1 + x_2 a_2 = 1/4 \\ x_1^2 a_1 + x_2^2 a_2 = 1/9 \\ x_1^3 a_1 + x_2^3 a_2 = 1/16 \end{cases}$$

的所有根,这里 $x_1, x_2, a_1, a_2$ 是变量。

**解**　Matlab 命令为

```
s1 = 'a1 + a2 - 1';↙
s2 = 'x1 * a1 + x2 * a2 - 1/4';↙
s3 = 'x1^2 * a1 + x2^2 * a2 - 1/9';↙
s4 = 'x1^3 * a1 + x2^3 * a2 - 1/16';↙
[a1,a2,x1,x2] = solve(s1,s2,s3,s4,'a1','a2','x1','x2')↙
a1v = vpa(a1,8)↙        %对 a1 取 8 位有效数字
a2v = vpa(a2,8)↙        %对 a2 取 8 位有效数字
x1v = vpa(x1,8)↙        %对 x1 取 8 位有效数字
x2v = vpa(x2,8)↙        %对 x2 取 8 位有效数字
a1 =
[1/2 - 9/424 * 106^(1/2)]
[1/2 + 9/424 * 106^(1/2)]
a2 =
[1/2 + 9/424 * 106^(1/2)]
[1/2 - 9/424 * 106^(1/2)]
x1 =
[5/14 + 1/42 * 106^(1/2)]
[5/14 - 1/42 * 106^(1/2)]
x2 =
[5/14 - 1/42 * 106^(1/2)]
[5/14 + 1/42 * 106^(1/2)]
%取 8 位有效数字的结果
a1v =
```

```
    [.28146068]
    [.71853932]
a2v =
    [.71853932]
    [.28146068]
x1v =
    [.60227691]
    [.11200881]
x2v =
    [.11200881]
    [.60227691]
```

结果表明方程组有两组解。

### 4.4.2 求超越方程的根

超越方程是除了多项式方程之外的函数方程,它通常不容易求出全部根和准确根,而是采用数值方法去求近似根,对方程组情况可能连近似根也求不出,因此,非线性方程组的求解还有很多问题需要解决。在Matlab中,求超越方程的根一般可用上述解一般方程根的命令。

**例6** 求解超越方程组 $\begin{cases} x^y = \dfrac{1}{7} \\ \dfrac{x}{y} = 3 \end{cases}$ 的根。

**解** Matlab命令:

```
[x,y] = solve('x^y = 1/7','x/y = 3')↙
x =
    - 3 * log(7)/lambertw( - 3 * log(7))
y =
    - log(7)/lambertw( - 3 * log(7))
```

在求得的符号解中lambert(w)代表 $\omega$ 函数 $\omega(x)e^{w(x)} = x$ 的解。

求超越方程的数值解可以使用如下命令:

- 命令形式:z = fzero('fname',x0,tol,trace)

功能:是一元函数的零点。其中fname是待求零点的函数文件名。

x0 是预定待搜索零点的大致位置。tol 是精度,可默认为 eps。Trace 表示是否显示迭代步骤,缺省时默认为不显示。

注意:使用此命令时可能也会找不出零点,此时 Matlab 会给出解释。对于多元函数的求解可以使用命令:x = fsolve('fun',x0)。

**例 7**　求方程 $x=(\cos x)^2$ 在 1 附近的根。

**解**　Matlab 命令为

```
x = fzero('x - (cos(x))^2',1)↙
x =
   0.6417
```

或采用 M 函数的形式:

```
function y = ff(t)↙
y = t - (cos(t)).^2;↙
x = fzero('ff',1)↙
Zero found in the interval:[0.54745,1.32].
x =
   0.6417
```

**例 8**　求方程 $x\sin x=1$ 在[0,5]内的所有根。

**解**　画出方程对应的函数在[0,5]内的图形:

```
[x,y] = fplot('x * sin(x) - 1',[0,5]);↙
plot(x,y)↙
grid on↙
```

图 4.1 中可知方程在 1 和 3 附近有根。

①方程在 1 附近的根:

```
x = fzero('x * sin(x) - 1',1)↙
Zero found in the interval:[0.84,1.16].
x =
   1.1142
```

②方程在 3 附近的根:

```
x = fzero('x * sin(x) - 1',3)↙
Zero found in the interval:[2.76,3.1697].
x =
   2.7726
```

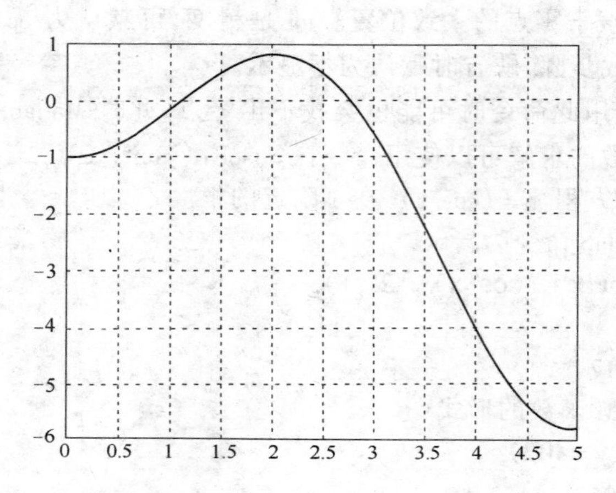


图　4.1

**例 9**　求方程组

$$\begin{cases} x = y^2 \\ y = \cos\ x \end{cases}$$

在(1,2)附近的根。

**解**　令$\begin{cases} x(1) = x \\ x(2) = y \end{cases}$

Matlab 命令为

```
fun = '[x(1) - (x(2))^2,x(2) - cos(x(1))]';↙
f = fsolve(fun,[1,2])↙
f =
   0.6417   0.8011
```

## 习　　题

1. 设多项式 $q = (1 + 2x - y)^2$，展开多项式 $q$ 并且按 $y$ 的同次幂合并形式展开多项式 $q$。

2. 设多项式 $p = 1 - 4x - 19x^2 + 4x^3$，$q = 1 - 3x$，①计算 $p \div q$ 的商；

②计算 $p \div q$ 的余式。

3. 设多项式 $p = 120 - 46x - 19x^2 + 4x^3 + x^4$，$q = 20x + 9x^2 + x^3$，求多项式 $p, q$ 的最大公因子与最小公倍数。

4. 求方程 $x^6 - x^2 + 2x - 3 = 0$ 的所有根。

5. 求方程 $\sin x - \ln(x + 0.1) = 0$ 在 1 附近的近似值根。

6. 求任意两个多项式的和与差。

7. 求任意两个多项式的最小公倍数和最大公约数。

# 第5章　线性代数运算

线性代数中常用的工具是矩阵(向量)和行列式。用这些工具可以表示工程技术、经济工作中一些需要用若干个数量从整体上反映其数量关系的问题。用这些工具可以简明凝练而准确地把所要研究的问题描述出来,以提高研究的效率。在线性代数课程中我们看到了用这些工具研究齐次和非齐次线性方程组解的理论、解的结构以及矩阵的对角化、二次型化标准形等问题的有力、便捷。

## 5.1　矩阵的运算

线性代数中的运算对象是向量和矩阵,而向量和矩阵也是 Matlab 最基本的对象,所以在第1章我们对矩阵与向量的输入、修改已作了简要的说明,这里不再重复。下面介绍矩阵的运算。

### 5.1.1　数学概念

线性代数中的矩阵运算(以下所讨论的矩阵均由数域 $P$ 中的数组成):

$$\boldsymbol{A}=(a_{ij})_{sn}=\begin{pmatrix} a_{11} & a_{12} & \cdots & a_{1n} \\ a_{21} & a_{22} & \cdots & a_{2n} \\ \vdots & \vdots & & \vdots \\ a_{s1} & a_{s2} & \cdots & a_{sn} \end{pmatrix},\boldsymbol{B}=(b_{ij})_{sn}=\begin{pmatrix} b_{11} & b_{12} & \cdots & b_{1n} \\ b_{21} & b_{22} & \cdots & b_{2n} \\ \vdots & \vdots & & \vdots \\ b_{s1} & b_{s2} & \cdots & b_{sn} \end{pmatrix}。$$

- 加法:$\boldsymbol{C}=\boldsymbol{A}+\boldsymbol{B}$

$$\boldsymbol{C}=(c_{ij})_{sn}=(a_{ij}+b_{ij})_{sn}=\begin{pmatrix} a_{11}+b_{11} & a_{12}+b_{12} & \cdots & a_{1n}+b_{1n} \\ a_{21}+b_{21} & a_{22}+b_{22} & \cdots & a_{2n}+b_{2n} \\ \vdots & \vdots & & \vdots \\ a_{s1}+b_{s1} & a_{s2}+b_{s2} & \cdots & a_{sn}+b_{sn} \end{pmatrix}。$$

● 乘法：$\boldsymbol{C}=\boldsymbol{AB}$

$$\boldsymbol{A}=(a_{ik})_{sn},\boldsymbol{B}=(b_{kj})_{nm},$$

$$\boldsymbol{C}=(c_{ij})_{sm},$$

其中
$$c_{ij}=a_{i1}b_{1j}+a_{i2}b_{2j}+\cdots+a_{in}b_{nj}=\sum_{k=1}^{n}a_{ik}b_{kj}。$$

● 数量乘法：数 $k$ 与矩阵的乘积就是把矩阵的每个元素都乘上 $k$。适合以下规律：

$$(k+l)\boldsymbol{A}=k\boldsymbol{A}+l\boldsymbol{A}$$

$$k(\boldsymbol{A}+\boldsymbol{B})=k\boldsymbol{A}+k\boldsymbol{B}$$

$$k(l\boldsymbol{A})=(kl)\boldsymbol{A}$$

$$l\boldsymbol{A}=\boldsymbol{A}$$

$$k(\boldsymbol{AB})=(k\boldsymbol{A})\boldsymbol{B}=\boldsymbol{A}(k\boldsymbol{B})$$

● 转置：将矩阵的行列互换，即得矩阵的转置。

● 矩阵的秩：矩阵的行向量（或列向量）组的秩即为矩阵的秩。

● 逆：如果矩阵 $\boldsymbol{B}$ 适合 $\boldsymbol{AB}=\boldsymbol{BA}=\boldsymbol{E}$，那么 $\boldsymbol{B}$ 就称为 $\boldsymbol{A}$ 的逆矩阵。

### 5.1.2　矩阵的基本运算

矩阵的基本运算、功能及其 Matlab 命令形式见表 5.1。

**表 5.1　矩阵的基本运算**

| 运　算 | 功　能 | 命　令　形　式 |
|---|---|---|
| 矩阵加法和减法 | 将两个同型矩阵相加（减） | A ± B |
| 数乘 | 将数与矩阵做乘法 | k * A<br>其中 k 是一个数，A 是一个矩阵 |
| 矩阵的乘法 | 将两个矩阵进行矩阵相乘 | A * B<br>A 的列数与 B 的行数相等 |
| 矩阵的左除 | 计算 $\boldsymbol{A}^{-1}\boldsymbol{B}$ | A \ B<br>A 必须为方阵 |
| 矩阵的右除 | 计算 $\boldsymbol{AB}^{-1}$ | A/B<br>B 必须为方阵 |
| 求矩阵行列式 | 计算方阵的行列式 | det(A)<br>A 必须为方阵 |

续上表

| 运　算 | 功　能 | 命令形式 |
| --- | --- | --- |
| 求矩阵的逆 | 求方阵的逆 | Inv(A)或(A)^-1<br>A 必须为方阵 |
| 矩阵乘幂 | 计算 $A^n$ | A^n<br>A 必须为方阵，n 是正整数 |
| 矩阵的转置 | 求矩阵的转置 | Transpose(A)或 A′ |
| 矩阵求秩 | 求矩阵的秩 | rank(A) |
| 矩阵行变换化简 | 求 $A$ 的行最简形式 | rref(A) |

注意：它们都符合矩阵运算的规律，如果矩阵的行列数不符合运算符的要求，将产生错误信息。

**例 1**　计算$\begin{pmatrix} 1 & 3 & 7 \\ -3 & 9 & -1 \end{pmatrix}+\begin{pmatrix} 2 & 3 & -2 \\ -1 & 6 & -7 \end{pmatrix}$。

**解**　Matlab 命令为

```
A=[1,3,7;-3,9,-1];B=[2,3,-2;-1,6,-7];↙
A+B↙
ans =
     3     6     5
    -4    15    -8
```

**例 2**　计算 $5\begin{pmatrix} 1 & 2 & 3 \\ 3 & 5 & 1 \end{pmatrix}$。

**解**　Matlab 命令为

```
A=[1,2,3;3,5,1];↙
5*A↙
ans =
     5    10    15
    15    25     5
```

**例 3**　求向量$\{a,b,c\}$与矩阵$\begin{pmatrix} 1 & 2 \\ 3 & 4 \\ 5 & 6 \end{pmatrix}$的乘积。

**解**　Matlab 命令为

```
syms a b c↙
v=[a b c];↙                          %向量可以看成特殊的矩阵
A1=sym([1 2;3 4;5 6]);↙              %或用 A1=[1 2;3 4;5 6];
v*A1↙
ans =
  [ a+3*b+5*c,2*a+4*b+6*c]
```

**例4** 求矩阵$\begin{pmatrix} 1 & 3 & 0 \\ -2 & -1 & 1 \end{pmatrix}$与$\begin{pmatrix} 1 & 3 & -1 & 0 \\ 0 & -1 & 2 & 1 \\ 2 & 4 & 0 & 1 \end{pmatrix}$的乘积。

**解**　Matlab 命令为

```
A=[1 3 0;-2 -1 1];↙
B=[1 3 -1 0;0 -1 2 1;2 4 0 1];↙
A*B↙
ans =
     1     0     5     3
     0    -1     0     0
```

**例5** 求矩阵$\begin{pmatrix} 1 & 2 & 3 & 4 \\ 2 & 3 & 1 & 2 \\ 1 & 1 & 1 & -1 \\ 1 & 0 & -2 & -6 \end{pmatrix}$的逆。

**解**　Matlab 命令为

```
A=[1 2 3 4;2 3 1 2;1 1 1 -1;1 0 -2 -6];↙
A^(-1)↙
ans =
   22.0000    -6.0000   -26.0000    17.0000
  -17.0000     5.0000    20.0000   -13.0000
   -1.0000    -0.0000     2.0000    -1.0000
    4.0000    -1.0000    -5.0000     3.0000
```

**例6** 求矩阵$\begin{pmatrix} a & b \\ c & d \end{pmatrix}$的逆。

**解** Matlab 命令为

```
syms a b c d↙          %a,b,c,d 为未知量,故必须定义为符号变量,
A=[a b;c d];↙             否则不能计算
inv(A)↙
ans =
     [ d/(a*d-b*c), -b/(a*d-b*c)]
     [ -c/(a*d-b*c), a/(a*d-b*c)]
```

**例 7** 求矩阵 $\boldsymbol{A}=\begin{pmatrix}1&2&3&4\\2&3&4&5\\3&4&5&6\end{pmatrix}$的转置。

**解** Matlab 命令为

```
A=[1 2 3 4;2 3 4 5;3 4 5 6];↙
A'↙
ans =
     1     2     3
     2     3     4
     3     4     5
     4     5     6
```

**例 8** $\boldsymbol{A}=\begin{bmatrix}a&b\\c&d\end{bmatrix}$,求 $\boldsymbol{A}$ 的行列式。

**解** Matlab 命令为

```
syms a b c d↙
A=[a b;c d];↙
det(A)↙
ans =
     a*d-b*c
```

**例 9** 求矩阵$\begin{pmatrix}4&1&2&4\\1&2&0&2\\10&5&2&0\\0&1&1&7\end{pmatrix}$的行列式。

**解**　Matlab 命令为

```
A=[4 1 2 4;1 2 0 2;10 5 2 0;0 1 1 7];↙
det(A)↙
ans =
     0
```

**例 10**　求矩阵$\begin{pmatrix}1 & 3\\2 & 1\end{pmatrix}$的 6 次幂。

**解**　Matlab 命令为

```
A=[1 3;2 1];↙
A^6↙
ans =
        847         1026
        684          847
```

**例 11**　求矩阵$\begin{pmatrix}a & 1 & 0\\0 & a & 1\\0 & 0 & a\end{pmatrix}$的 2 次幂与 3 次幂。

**解**　Matlab 命令为

```
syms a↙
A=[a 1 0;0 a 1;0 0 a];↙
A^2↙
ans =
     [ a^2,2*a, 1]
     [   0,a^2,2*a]
     [   0,   0,a^2]
A^3↙
ans =
     [ a^3,3*a^2, 3*a]
     [    0, a^3,3*a^2]
     [    0,    0, a^3]
```

**例 12**　求矩阵$\begin{pmatrix} 4 & 1 & 2 & 4 \\ 1 & 2 & 0 & 2 \\ 10 & 5 & 2 & 0 \\ 0 & 1 & 1 & 7 \end{pmatrix}$的秩与行最简形。

**解**　Matlab 命令为

```
A=[4 1 2 4;1 2 0 2;10 5 2 0;0 1 1 7];↙
rref(A)↙
ans =
      1     0     0    -2
      0     1     0     2
      0     0     1     5
      0     0     0     0
rank(A)↙
ans =
    3
```

**例 13**　某农场饲养的动物所能达到的最大年龄为 15 岁,将其分为三个年龄组:第一组,0 ~ 5 岁;第二组 6 ~ 10 岁;第三组 11 ~ 15 岁。动物从第二年龄组起开始繁殖后代,经过长期统计,第二年龄组的动物在其年龄段平均繁殖 4 个后代,第三组在其年龄段平均繁殖 3 个后代,第一年龄组和第二年龄组的动物能顺利进入下一个年龄组的存活率分别是 1/2 和 1/4。假设农场现有三个年龄段的动物各 1 000 头,问 15 年后农场饲养的动物总数及农场三个年龄段的动物各将达到多少头?指出 15 年间,动物总增长多少头及总增长率。

**解**　年龄组为 5 岁一段,故将时间周期也取 5 年。15 年经过 3 个周期。用 $k=1,2,3$ 分别表示第一、二、三个周期,$x_i(k)$表示第 $i$ 个年龄组在第 $k$ 个周期的数量。由题意,有如下矩阵递推关系:

$$\begin{pmatrix} x_1(k) \\ x_2(k) \\ x_3(k) \end{pmatrix} = \begin{pmatrix} 0 & 4 & 3 \\ 1/2 & 0 & 0 \\ 0 & 1/4 & 0 \end{pmatrix} \begin{pmatrix} x_1(k-1) \\ x_2(k-1) \\ x_3(k-1) \end{pmatrix} \quad (k=1,2,3),$$

即

$$x(k) = Lx(k-1) \quad (k = 1,2,3),$$

$$L = \begin{pmatrix} 0 & 4 & 3 \\ 1/2 & 0 & 0 \\ 0 & 1/4 & 0 \end{pmatrix}, \quad x(k) = \begin{pmatrix} x_1(k) \\ x_2(k) \\ x_3(k) \end{pmatrix}, \quad x(0) = \begin{pmatrix} 1000 \\ 1000 \\ 1000 \end{pmatrix}。$$

利用 Matlab 计算有：

```
x0 = [1000,1000,1000];↙
L = [0 4 3;1/2 0 0;0 1/4 0];↙
x3 = (L^3) * x0'↙
x3 =

        14375
         1375
          875

pie(x3)↙                    %绘出图形,见图 5.1
```

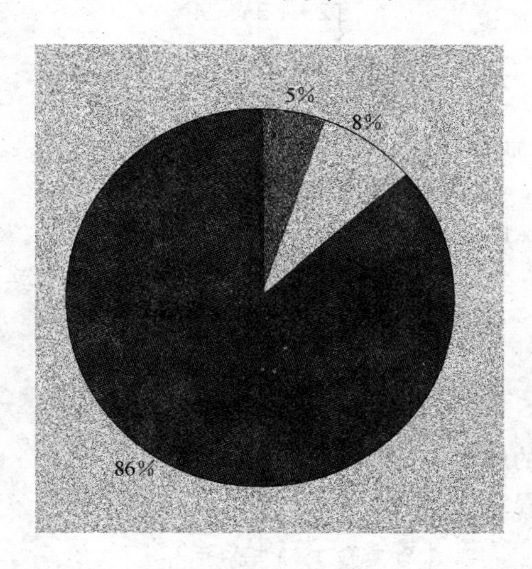


图 5.1　不同年龄段动物所占百分比

结果分析：

15 年后，农场饲养的动物总数将达到 16 625 头，其中 0～5 岁的有 14

375 头，占总数的 86.47%，6 ~ 10 岁的有 1 375 头，占 8.27%，11 ~ 15 岁的有 875 头，占 5.226%，15 年间，动物总增长 13 625 头，总增长率为 13 625/3 000 = 454.16%。

## 5.2 解线性方程组

线性方程组是线性代数研究的主要问题，而且很多实际问题的解决也归结为线性方程组的求解。在 Matlab 中求解线性方程组主要有三种方法：求逆法、左除右除法和初等变换法。下面对各个方法作详细介绍。

### 5.2.1 求逆法

对于线性方程组 $\boldsymbol{Ax}=\boldsymbol{b}$，如果系数矩阵 $\boldsymbol{A}$ 是可逆方阵，则解由 x = inv(A) * b 获得。

**例 1** 求方程组

$$\begin{cases}2x+3y=4\\x-y=1\end{cases}$$

的解。

**解** Matlab 命令为

```
A=[2,3;1,-1];b=[4,1];↙
X=inv(A)*b'↙                %因为 b 是行向量，故要用转置运算
                              以满足矩阵相乘要求

X =

    1.4000
    0.4000
```

结果：方程的解为 $x=1.4, y=0.4$。

**例 2** 求方程组

$$\begin{cases}x_1+x_2+x_3+x_4=5\\x_1+2x_2-x_3+4x_4=-2\\2x_1-3x_2-x_3-5x_4=-2\\3x_1+x_2+2x_3+11x_4=0\end{cases}$$

的解。

**解**　Matlab 命令为

```
A=[1 1 1 1;1 2 -1 4;2 -3 -1 -5;3 1 2 11];↙
b=[5;-2;-2;0];↙
X=inv(A)*b↙
X =
      1.0000
      2.0000
      3.0000
     -1.0000
```

结果:方程的解为 $x_1=1, x_2=2, x_3=3, x_4=-1$。

**例 3**　解矩阵方程 $\begin{pmatrix}1 & 4\\ -1 & 2\end{pmatrix}\boldsymbol{X}\begin{pmatrix}2 & 0\\ -1 & 1\end{pmatrix}=\begin{pmatrix}3 & 1\\ 0 & -1\end{pmatrix}$。

**解**　Matlab 命令为

```
A1=[1 4;-1 2];A2=[2,0;-1,1];B=[3,1;0,-1];↙
X=inv(A1)*B*inv(A2)↙
X =
     1.0000    1.0000
     0.2500         0
```

**例 4**　有甲、乙、丙三种化肥,甲种化肥每千克含氮 70 g、磷 8 g、钾2 g;乙种化肥每千克含氮 64 g、磷 10 g、钾 0.6 g;丙种化肥每千克含氮70 g、磷 5 g、钾 1.4 g。若把此三种化肥混合,要求总重量 23 kg 且含磷149 g、钾 30 g,问三种化肥各需多少千克?

**解**　设甲、乙、丙三种化肥分别需 $x_1, x_2, x_3$(kg),依题意得方程组:

$$\begin{cases}x_1+x_2+x_3=23\\ 8x_1+10x_2+5x_3=149\\ 2x_1+0.6x_2+1.4x_3=30\end{cases}$$

用 Matlab 解方程组:

```
A=[1 1 1;8 10 5;2 0.6 1.4];b=[23;149;30];↙
X=inv(A)*b↙
```

```
X =

        3.0000
        5.0000
       15.0000
```

结果分析:方程组的解为:$x_1 = 3, x_2 = 5, x_3 = 15$,则甲、乙、丙三种化肥分别需 3 kg、5 kg、15 kg。

### 5.2.2 左除与右除法

当 $\boldsymbol{X}$ 和 $\boldsymbol{B}$ 都是矩阵而不是向量时,线性方程组 $\boldsymbol{AX} = \boldsymbol{B}$ 的解为 $\boldsymbol{X} = \boldsymbol{A}^{-1}\boldsymbol{B}$,同理,对线性方程组 $\boldsymbol{XA} = \boldsymbol{B}$ 的解为 $\boldsymbol{X} = \boldsymbol{BA}^{-1}$,因此由 Matlab 的左除和右除运算可以方便地求出解,有:

线性方程组 $\boldsymbol{AX} = \boldsymbol{B}$ 的求解命令为

X = A \ B

线性方程组 $\boldsymbol{XA} = \boldsymbol{B}$ 的求解命令为

X = B/A

左除和右除法比求逆法用的时间少,且精度比求逆法高。

**例 5** 解矩阵方程:

$$\boldsymbol{X}\begin{pmatrix} 2 & 1 & -1 \\ 2 & 1 & 0 \\ 1 & -1 & 1 \end{pmatrix} = \begin{pmatrix} 1 & -1 & 3 \\ 4 & 3 & 2 \end{pmatrix}。$$

**解** Matlab 命令为

```
A=[2 1 -1;2 1 0;1 -1 1];B=[1 -1 3;4 3 2];↙
X=B/A↙
X =

     -2         2       1
   -8/3         5    -2/3
```

**例 6** 设 $\boldsymbol{A} = \begin{pmatrix} 4 & 2 & 3 \\ 1 & 1 & 0 \\ -1 & 2 & 3 \end{pmatrix}$,$\boldsymbol{AB} = \boldsymbol{A} + 2\boldsymbol{B}$,求 $\boldsymbol{B}$。

**解** $\boldsymbol{AB} = \boldsymbol{A} + 2\boldsymbol{B} \Rightarrow (\boldsymbol{A} - 2\boldsymbol{E})\boldsymbol{B} = \boldsymbol{A}$

Matlab 命令为

```
A=[4 3 2;1 1 0;-1 2 3];↙
A1=A-2*eye(3);↙
B=A1\A↙
B =
     5/3      -2/3      -4/3
     2/3      -5/3      -4/3
    -2/3      14/3      13/3
```

### 5.2.3 初等变换法

在线性代数中用消元法求非齐次线性方程组的通解的具体过程为：首先用初等行变换化线性方程组为阶梯形方程组，把最后的恒等式"0=0"(如果出现的话)去掉。如果剩下的方程当中有一个方程是零等于一个非零的数，那么方程组无解，否则有解。在有解的情况下，如果阶梯形方程组中方程的个数 $r$ 等于未知量的个数，那么方程组有唯一的解；如果阶梯形方程组中方程的个数 $r$ 小于未知量的个数，那么方程组就有无穷多个解。

在 Matlab 中，对于线性方程组 $\boldsymbol{Ax}=\boldsymbol{b}$，利用指令 rref(A)可以方便地求得线性方程组系数、增广矩阵的行最简形式，从而写出线性方程组的通解。

**例 7** 求矩阵 $\begin{pmatrix} 3 & 2 & -1 & -3 & -1 \\ 2 & -1 & 3 & 1 & -3 \\ 7 & 0 & 5 & -1 & -8 \end{pmatrix}$ 的秩，并求一个最高阶非零子式。

**解** Matlab 命令为

```
A=[3 2 -1 -3 -1;2 -1 3 1 -3;7 0 5 -1 -8];↙
rref(A)↙
ans =
     1     0      5/7     -1/7     0
     0     1    -11/7     -9/7     0
     0     0        0        0     1
```

```
b = A( : ,1:2:5)
b =
        3          -1          -1
        2           3          -3
        7           5          -8
c = det(b)↙
c =
      -11
```

结果分析：$R(\boldsymbol{A})=3$，三阶子式，$\begin{vmatrix} 3 & -1 & -1 \\ 2 & 3 & -3 \\ 7 & 5 & -8 \end{vmatrix} = -11 \neq 0$，是一个最高阶非零子式。

**例 8** 求齐次线性方程组

$$\begin{cases} x_1 - 8x_2 + 10x_3 + 2x_4 = 0 \\ 2x_1 + 4x_2 + 5x_3 - x_4 = 0 \\ 3x_1 + 8x_2 + 6x_3 - 2x_4 = 0 \end{cases}$$

的通解。

**解** Matlab 命令为

```
A = [1  -8 10 2;2 4 5  -1;3 8 6  -2];↙
rref(A)↙
ans  =
        1          0          4          0
        0          1       -3/4       -1/4
        0          0          0          0
```

结果分析：即有

$$\boldsymbol{A} = \begin{pmatrix} 1 & -8 & 10 & 2 \\ 2 & 4 & 5 & -1 \\ 3 & 8 & 6 & -2 \end{pmatrix} \overset{\text{初等行变换}}{\sim} \begin{pmatrix} 1 & 0 & 4 & 0 \\ 0 & 1 & -\frac{3}{4} & -\frac{1}{4} \\ 0 & 0 & 0 & 0 \end{pmatrix},$$

所以原方程组等价于$\begin{cases} x_1 = -4x_3 \\ x_2 = \dfrac{3}{4}x_3 + \dfrac{1}{4}x_4 \end{cases}$。

取 $x_3 = 1, x_4 = -3$ 得 $x_1 = -4, x_2 = 0$；取 $x_3 = 0, x_4 = 4$ 得 $x_1 = 0, x_2 = 1$。

因此基础解系为 $\boldsymbol{\xi}_1 = \begin{pmatrix} -4 \\ 0 \\ 1 \\ -3 \end{pmatrix}, \boldsymbol{\xi}_2 = \begin{pmatrix} 0 \\ 1 \\ 0 \\ 4 \end{pmatrix}$。

所以方程的通解为

$$\begin{pmatrix} x_1 \\ x_2 \\ x_3 \\ x_4 \end{pmatrix} = k_1 \begin{pmatrix} -4 \\ 0 \\ 1 \\ -3 \end{pmatrix} + k_2 \begin{pmatrix} 0 \\ 1 \\ 0 \\ 4 \end{pmatrix},$$

其中 $k_1, k_2$ 是任意实数。

**例 9**　求非齐次方程

$$\begin{cases} 4x_1 + 2x_2 - x_3 = 2 \\ 3x_1 - x_2 + 2x_3 = 10 \\ 11x_1 + 3x_2 = 8 \end{cases}$$

的解。

**解**　Matlab 命令为

```
A=[4 2 -1;3 -1 2;11 3 0]; b=[2;10;8];↙
B=([A,b]);↙
rref(B)↙
ans =
     1        0        3/10        0
     0        1      -11/10        0
     0        0           0        1
```

结果分析：$R(\boldsymbol{A}) = 2$ 而 $R(\boldsymbol{B}) = 3$，故方程组无解。

**例 10**　求非齐次方程

$$\begin{cases}2x+3y+z=4\\x-2y+4z=-5\\3x+8y-2z=13\\4x-y+9z=-6\end{cases}$$

的解。

**解**　Matlab 命令为

```
A=[2 3 1;1 -2 4;3 8 -2;4 -1 9];↙
b=[4;-5;13;-6];↙
B=([A,b]);↙
rref(B)↙
ans =
        1         0         2        -1
        0         1        -1         2
        0         0         0         0
        0         0         0         0
```

即得 $$\begin{cases}x=-2z-1\\y=z+2\\z=z\end{cases},$$

亦即 $$\begin{pmatrix}x\\y\\z\end{pmatrix}=k\begin{pmatrix}-2\\1\\1\end{pmatrix}+\begin{pmatrix}-1\\2\\0\end{pmatrix}。$$

### 5.2.4　符号方程组求解

(1)线性方程组 $\boldsymbol{AX}=\boldsymbol{B}$ 的符号解

- 命令形式:X = linsolve(A,B)

功能:此命令只给出特解。

**例 11**　求非齐次方程

$$\begin{pmatrix}a&0&0\\0&b&0\end{pmatrix}\boldsymbol{X}=\begin{pmatrix}1\\c\end{pmatrix}$$

的解。

**解**　Matlab 命令为

```
syms a b c↙
A=[a 0 0;0 b 0];B=[1;c];↙
X=linsolve(A,B)↙
X =
    [1/a]
    [1/b*c]
    [0]
```

说明:只给出了方程组一特解。

(2)非线性方程组的解

● 命令形式:[x1,x2,x3,…]=solve(e1,e2,e3,…)

功能:此命令给出非线性方程组的解。其中,e1,e2,e3,…是符号方程,x1,x2,x3,…是要求的未知量。

**例 12**　解非线性的方程组:

$$\begin{cases} a+b+x=y \\ 2ax-by=-1 \\ 2(a+b)=x+y \\ ay+bx=4 \end{cases}$$

**解**　Matlab 命令为

```
e1=sym('a+b+x=y');↙
e2=sum('2*a*x-b*y=-1');↙
e2=sym('2*a*x-b*y=-1');↙
e3=sym('2*(a+b)=x+y');↙
e4=sym('a*y+b*x=4');↙
[a,b,x,y]=solve(e1,e2,e3,e4)↙
a =
    [ 1]
    [-1]
b =
    [ 1]
x =
    [ 1]
    [-1]
y =
    [ 3]
```

[ -1] [ -3]

结果分析:方程组获得两组解:

$$\begin{cases} a=1, b=1, x=1, y=3 \\ a=-1, b=-1, x=-1, y=-3 \end{cases}$$

# 5.3 求矩阵特征值和特征向量

特征值与特征向量是线性代数中非常重要的概念,在实际的工程应用中占有非常重要的地位。在本节中要介绍如何利用 Matlab 去求特征值与特征向量、矩阵的对角化等问题,培养把实际问题转化为数学问题来求解的能力。

## 5.3.1 求矩阵特征值、特征向量命令

- 命令形式 poly(A)

功能:求矩阵 $\boldsymbol{A}$ 的特征多项式。

- d = eig(A)

功能:返回方阵 $\boldsymbol{A}$ 的全部特征值组成的列向量 $\boldsymbol{d}$。

- [V,D] = eig(A)

功能:返回方阵 $\boldsymbol{A}$ 的特征值矩阵 $\boldsymbol{D}$ 与特征向量矩阵 $\boldsymbol{V}$,满足 $\boldsymbol{AV}=\boldsymbol{VD}$。

说明:这三条指令求出的是数值解,并不是解析解。

**例 1** 求矩阵$\begin{pmatrix} 1 & -1 \\ 2 & 4 \end{pmatrix}$的特征多项式、特征值、特征向量。

**解** Matlab 命令为

```
A=[1,-1;2,4];↙
p=poly(A);↙
poly2str(p,'x')  ↙
ans =
     x^2 - 5x + 6
[V,D]=eig(A)↙
```

```
V =
  -985/1393      1292/2889
   985/1393     -2584/2889
D =
     2              0
     0              3
```

结果分析:特征多项式是 $f(x)=x^2-5x+6$,特征值是 $\lambda_1=2,\lambda_2=3$,对应的特征向量是 $\xi_1=\begin{pmatrix}-985/1393\\985/1393\end{pmatrix}$,$\xi_1=\begin{pmatrix}1292/2889\\-2584/2889\end{pmatrix}$,是数值解。

**例 2**　求矩阵 $\boldsymbol{A}=\begin{pmatrix}2&1&1\\1&2&1\\1&1&2\end{pmatrix}$的特征多项式、特征值、特阵向量。

**解**　Matlab 命令为

```
A=[2 1 1;1 2 1;1 1 2];↙
p=poly2str(poly(A),'x')↙
p =
  x^3 - 6x^2 + 9x - 4
[V,D]=eig(A)↙
V =
  -178/221      377/2814      780/1351
   609/1174      541/858      780/1351
   545/1901     -685/896      780/1351
D =
     1             0             0
     0             1             0
     0             0             4
```

结果分析:特征多项式是 $f(x)=x^3-6x^2+9x-4$,特征值是 $\lambda_1=\lambda_2=1,\lambda_3=4$,对应的特征向量矩阵是

$$\boldsymbol{V}=\begin{pmatrix}-178/221&377/2814&780/1351\\609/1174&541/858&780/1351\\545/1901&-685/896&780/1351\end{pmatrix}。$$

### 5.3.2 矩阵的对角化

线性代数中,与矩阵对角化问题有关的结果有:如果 $n$ 阶矩阵 $\boldsymbol{A}$ 的 $n$ 个特征值互不相等,则 $\boldsymbol{A}$ 与对角阵相似;如果矩阵 $\boldsymbol{A}$ 是实对称矩阵,则必有正交矩阵 $\boldsymbol{P}$,使 $\boldsymbol{P}^{-1}\boldsymbol{AP}=\boldsymbol{\Lambda}$,其中 $\boldsymbol{\Lambda}$ 是以 $\boldsymbol{A}$ 的 $n$ 个特征值为对角元素的对角矩阵。利用这些结论,就可以用 Matlab 处理矩阵对角化问题。

**例 3** 试求一个正交的相似变换矩阵 $\boldsymbol{P}$,将对称矩阵 $\begin{pmatrix} 2 & -2 & 0 \\ -2 & 1 & -2 \\ 0 & -2 & 0 \end{pmatrix}$化为对角矩阵。

**解** Matlab 命令为

```
A=[2 -2 0;-2 1 -2;0 -2 0];↙
[P,D]=eig(A)↙
P =
      2/3        2/3        -1/3
     -2/3        1/3        -2/3
      1/3       -2/3        -2/3
D =
        4          0           0
        0          1           0
        0          0          -2
format short
P*P'↙
ans =
   1.0000    0.0000      0.0000
   0.0000    1.0000     -0.0000
   0.0000   -0.0000      1.0000
```

结果表明:矩阵 $\boldsymbol{P}$ 为正交矩阵。

```
P^(-1)*A*P↙
ans =
```

```
-2.0000  -0.0000    0.0000
-0.0000   1.0000   -0.0000
 0.0000   0.0000    4.0000
```

结果表明：等式 $\boldsymbol{P}^{-1}\boldsymbol{AP}\approx\begin{pmatrix}4&0&0\\0&1&0\\0&0&-2\end{pmatrix}$成立。

**例 4**　假定一个植物园要培育一片作物，它由三种可能基因型 AA、Aa 及 aa 的某种分布组成，植物园的管理者要求采用的育种方案是：子代总体中的每种作物总是用基因型 AA 的作物来授粉，子代的基因型的分布如下表。问：在任何一个子代总体中三种可能基因型的分布表达式如何表示？

| | | 亲代的基因型 | | | | | |
|---|---|---|---|---|---|---|---|
| | | AA—AA | AA—Aa | AA—aa | Aa—Aa | Aa—aa | aa—aa |
| 子代的基因型 | AA | 1 | 1/2 | 0 | 1/4 | 0 | 0 |
| | Aa | 0 | 1/2 | 1 | 1/2 | 1/2 | 0 |
| | aa | 0 | 0 | 0 | 1/4 | 1/2 | 1 |

注：生物遗传规律：若亲代的基因型为 AA、Aa 及 aa(其中 A 为显性基因，a 为隐性基因)，而产生子代时，都用 AA 型亲代去配对，则子代的基因型就有如下分布：

AA 与 AA 配对，子代中只有 AA 型；

AA 与 Aa 配对，子代中有 AA、Aa 两种基因型，且出现的概率都为 1/2；

AA 与 aa 配对，子代中只有 Aa 型。

建立第 $n$ 代基因型的分布表达式。利用遗传规律及所给的表，写出第 $n$ 代和第 $n+1$ 代的基因关系，然后通过矩阵知识，找到第 $n$ 代基因型与初始基因型的直接关系，最后由初始基因型求第 $n$ 代基因型的分布表达式。

**解**　不妨令 $a_n, b_n, c_n$ 分别表示在第 $n$ 代中 AA，Aa，aa 基因作物所占的分数；$a_0, b_0, c_0$ 表示对应基因型的初始分布。则有

$$\begin{cases}a_n = a_{n-1} + \dfrac{1}{2}b_{n-1}\\[2mm] b_n = c_{n-1} + \dfrac{1}{2}b_{n-1}\\[2mm] c_n = 0\end{cases}$$

由上面的递推式可求出 $a_n,b_n,c_n$ 与 $a_0,b_0,c_0$ 的关系。

利用 Matlab 来分析它们之间的关系,建立 M 命令文件 exam35.m:

```
syms a b c
A0=[a;b;c];
n=input('n 是一个整数:')          %用键盘输入 n 的值
K0=[1 1/2 0;0 1/2 1;0 0 0];
K=sym(K0);
A=mpower(K,n)*A0
```

运行 M 命令文件 exam35.m(对于任何一个整数 $n$,都可以得到 $a_n$,$b_n,c_n$ 与 $a_0,b_0,c_0$ 的关系,这里取整数 3 与整数 10 为例):

```
n 是一个整数:3↙
A =
[a+7/8*b+3/4*c]
[      1/8*b+1/4*c]
[                 0]
```

结果分析:

$$\begin{cases} a_3=a_0+\dfrac{7}{8}b_0+\dfrac{3}{4}c_0 \\ b_3=\dfrac{1}{8}b_0+\dfrac{1}{4}c_0 \\ c_3=0 \end{cases}$$

```
n 是一个整数:10↙
A =
[ a+1023/1024*b+511/512*c]
[          1/1024*b+1/512*c]
[                         0]
```

结果分析:

$$\begin{cases} a_{10}=a_0+\dfrac{1023}{1024}b_0+\dfrac{511}{512}c_0 \\ b_{10}=\dfrac{1}{1024}b_0+\dfrac{1}{512}c_0 \\ c_{10}=0 \end{cases}$$

**例 5**　求一个正交变换将二次型 $f=x_1^2+x_2^2+x_3^2+x_4^2+2x_1x_2-2x_1x_4-2x_2x_3+2x_3x_4$ 化成标准形。

**解**　二次型矩阵对应的矩阵为 $\boldsymbol{A}=\begin{pmatrix} 1 & 1 & 0 & -1 \\ 1 & 1 & -1 & 0 \\ 0 & -1 & 1 & 1 \\ -1 & 0 & 1 & 1 \end{pmatrix}$,把二次型化为标准型就相当于矩阵 $\boldsymbol{A}$ 对角化。利用 Matlab 做本题的命令为

```
A=[1 1 0 -1;1 1 -1 0; 0 -1 1 1;-1 0 1 1];↙
[P,D]=eig(A)↙
P =
```

```
    780/1351        881/2158       -1/2      -1/2
    881/2158       -780/1351       -1/2       1/2
    780/1351        881/2158        1/2       1/2
    881/2158       -780/1351        1/2      -1/2
D =
    1               0               0         0
    0               1               0         0
    0               0               3         0
    0               0               0        -1
syms  x1  x2  x3  x4 ↙
X = [x1;x2;x3;x4]; Y = P * X↙
y =
```

$$[\frac{\sqrt{3}}{3}x1 + \frac{\sqrt{6}}{6}x2 - \frac{1}{2}x3 - \frac{1}{2}x4]$$

$$[\frac{\sqrt{6}}{6}x1 - \frac{\sqrt{3}}{3}x2 - \frac{1}{2}x3 + \frac{1}{2}x4]$$

$$[\frac{\sqrt{3}}{3}x1 + \frac{\sqrt{6}}{6}x2 + \frac{1}{2}x3 + \frac{1}{2}x4]$$

$$[\frac{\sqrt{6}}{6}x1 - \frac{\sqrt{3}}{3}x2 + \frac{1}{2}x3 - \frac{1}{2}x4]$$

故所求正交变换为 $\boldsymbol{Y} = \boldsymbol{PX}$，所得标准型为 $f = y_1^2 + y_2^2 + 3y_3^2 - y_4^2$。

## 习　题

1. 自己随机输入一个 8×8 的矩阵，运用以上所讲的命令求它的转置、逆、秩。

2. 设

$$A=\begin{pmatrix}2&7&9&6&1&0\\3&5&0&7&8&7\\5&5&1&0&2&1\\1&4&7&4&2&0\\6&0&5&3&2&0\end{pmatrix},B=\begin{pmatrix}1&7&0&1&3&6&0\\3&8&4&5&3&4&5\\2&6&5&2&1&8&4\\2&5&5&4&4&5&2\\5&1&9&6&8&3&1\\7&1&6&0&7&2&9\end{pmatrix}。$$

计算 $\boldsymbol{AB}$,$\boldsymbol{A}$,$\boldsymbol{B}$ 及 $\boldsymbol{BA}$ 的秩。

3.工资问题。

现有一个木工、一个电工和一个油漆工,三人相互同意彼此装修他们自己的房子。在装修之前,他们达成了如下的协议:(1)每人总共工作10天(包括给自己家干活在内);(2)每人的日工资根据一般的市价在60~80元之间;(3)每人的日工资数应使得每人的总收入与总支出相等。下表是他们协商后制定出的工作天数的分配方案,如何计算出他们每人应得的工资?

| 工种<br>天数 | 木工 | 电工 | 油漆工 |
|---|---|---|---|
| 在木工家的工作天数 | 2 | 1 | 6 |
| 在电工家的工作天数 | 4 | 5 | 1 |
| 在油漆工家的工作天数 | 4 | 4 | 3 |

4.设 $\boldsymbol{A}=\begin{pmatrix}2&1&2\\1&2&2\\2&2&1\end{pmatrix}$,求 $\boldsymbol{\varphi}(\boldsymbol{A})=\boldsymbol{A}^{10}-6\boldsymbol{A}^{9}+5\boldsymbol{A}^{8}$。

5.试求一个正交的相似变换矩阵,将对称矩阵 $\begin{pmatrix}2&2&-2\\2&5&-4\\-2&-4&5\end{pmatrix}$ 化为对角矩阵。

6.计算下列各行列式:

(1) $\begin{vmatrix}4&1&2&4\\1&2&0&2\\10&5&2&0\\0&1&1&7\end{vmatrix}$; (2) $\begin{vmatrix}a&1&0&0\\-1&b&1&0\\0&-1&c&1\\0&0&-1&d\end{vmatrix}$。

7. 求一个正交变换将二次型 $f=2x_1^2+3x_2^2+3x_3^2+4x_2x_3$ 化成标准形。

8. 解下列矩阵方程:

(1) $\begin{pmatrix}2 & 5\\1 & 3\end{pmatrix}X=\begin{pmatrix}4 & -6\\2 & 1\end{pmatrix}$;

(2) $\begin{pmatrix}0 & 1 & 0\\1 & 0 & 0\\0 & 0 & 1\end{pmatrix}X\begin{pmatrix}1 & 0 & 0\\0 & 0 & 1\\0 & 1 & 0\end{pmatrix}=\begin{pmatrix}1 & -4 & 3\\2 & 0 & -1\\1 & -2 & 0\end{pmatrix}$。

9. 求矩阵 $\begin{pmatrix}1 & 2 & -1\\3 & 4 & -2\\5 & -4 & 1\end{pmatrix}$, $\begin{pmatrix}\lambda & 1 & 0\\0 & \lambda & 1\\0 & 0 & \lambda\end{pmatrix}$ 的逆矩阵。

10. 把下列矩阵化为行最简形矩阵:

(1) $\begin{pmatrix}1 & 0 & 2 & -1\\2 & 0 & 3 & 1\\3 & 0 & 4 & -3\end{pmatrix}$;　(2) $\begin{pmatrix}2 & 3 & 1 & -3 & -7\\1 & 2 & 0 & -2 & -4\\3 & -2 & 8 & 3 & 0\\2 & -3 & 7 & 4 & 3\end{pmatrix}$。

11. 求解下列非齐次线性方程组:

(1) $\begin{cases}2x+y-z+w=1\\4x+2y-2z+w=2\\2x+y-z-w=1\end{cases}$;　(2) $\begin{cases}2x+y-z+w=1\\3x-2y+z-3w=1\\x+4y-3z+5w=-2\end{cases}$。

12. 设 $A\begin{pmatrix}0 & 2 & 1\\2 & -1 & 3\\-3 & 3 & -4\end{pmatrix}$, $B=\begin{pmatrix}1 & 2 & 3\\2 & -3 & 1\end{pmatrix}$, 求 $X$ 使 $XA=B$。

13. 用 Matlab 命令验证结论:两个上三角矩阵的乘积还是上三角矩阵,上三角矩阵的逆矩阵仍然是上三角矩阵。

14. 用 Matlab 命令确定线性方程组 $\begin{cases}kx_1-x_2-x_3=0\\-x_1+kx_2-x_3=0\\-x_1-x_2+kx_3=0\end{cases}$ 中 $k$ 满足什么条件时,方程组(1)只有零解;(2)有非零解;(3)在有非零解的条件下求出其基础解系。

15. 交通流量问题

下图给出某城市单行街道的交通流量(每小时过车数)。

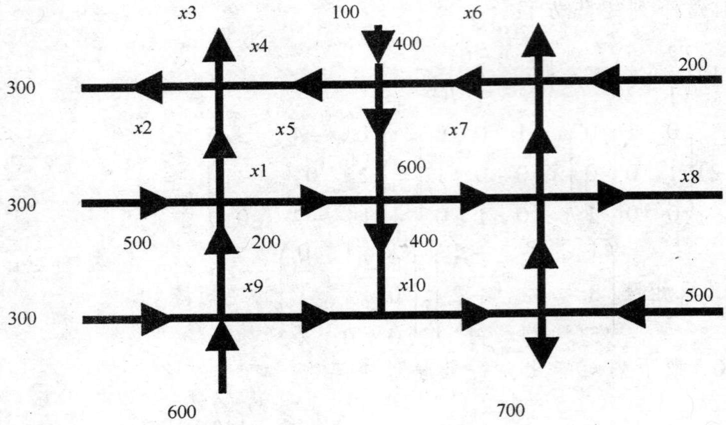

图 5.2　交通流量图

假设:(1)全部流入网络的流量等于全部流出网络的流量;

(2)全部流入一个节点的流量等于全部流出此节点的流量。

试建立数学模型确定该交通网络未知部分的具体流量。(提示:建立一个十元线性方程组求出其通解)

16. $\boldsymbol{A}$ 和 $\boldsymbol{B}$ 是同阶方阵,用 Matlab 命令判断命题:"$\boldsymbol{A}$ 与 $\boldsymbol{B}$ 的所有特征值之和是否等于 $\boldsymbol{A}+\boldsymbol{B}$ 的所有特征值之和"的对错。(提示:用具体的矩阵进行检验)

# 第 6 章　高等数学运算

极限、导数和积分是高等数学中的主要概念和运算，如果你在科研中遇到较复杂的求极限、求导数或求积分问题，Matlab 可以帮你快速解决这些问题。Matlab 提供了方便的命令使这些运算能在计算机上实现，使一些难题迎刃而解。

## 6.1　求极限运算

极限的概念是高等数学的基础，Matlab 提供了计算函数极限的命令，具体命令形式有：

- 命令形式 1：Limit($f$)

功能：计算$\lim\limits_{x \to 0} f(x)$，其中 $f$ 是符号函数。

- 命令形式 2：Limit($f$, $x$, $a$)

功能：计算$\lim\limits_{x \to a} f(x)$，其中 $f$ 是符号函数。

- 命令形式 3：Limit($f$, $x$, inf)

功能：计算$\lim\limits_{x \to \infty} f(x)$，其中 $f$ 是符号函数。

- 命令形式 4：Limit($f$, $x$, $a$, 'right')

功能：计算$\lim\limits_{x \to a^+} f(x)$，其中 $f$ 是符号函数。

- 命令形式 5：Limit($f$, $x$, $a$, 'left')

功能：计算$\lim\limits_{x \to a^-} f(x)$，其中 $f$ 是符号函数。

注意：在左右极限不相等或左右极限有一个不存在时，Matlab 的默认状态为求右极限。

**例 1**　求极限$\lim\limits_{x \to 0}(1+4x)^{\frac{1}{x}}$与$\lim\limits_{x \to 0}\dfrac{e^x-1}{x}$。

**解**　Matlab 命令为

```
syms x↙
y1 = (1 + 4 * x)^(1/x); y2 = (exp(x) - 1)/x;↙
limit(y1)↙
ans =
     exp(4)                    %得第一个极限为 e^4
limit(y2)↙
ans =
     1                         %得第二个极限为 1
```

**例 2**　求极限$\lim\limits_{x\to 0}\dfrac{\tan(ax^2)}{x^2+(\sin x)^3}$。

**解**　Matlab 命令为

```
syms a x↙
y = tan(a * x^2)/(x^2 + (sin(x))^3); limit(y)↙
ans =

     a
```

**例 3**　求极限 $\lim\limits_{x\to 0^-}[5x+\ln(\sin x+\mathrm{e}^{\sin x})]$。

**解**　Matlab 命令为

```
syms x↙
y = 5 * x + log(sin(x) + exp(sin(x)));↙
limit(y, x, 0, 'left')↙
ans =
     0
```

**例 4**　求极限 $\lim\limits_{x\to 1^+}\left[\dfrac{1}{x\ln^2 x}-\dfrac{1}{(x-1)^2}\right]$。

**解**　Matlab 命令为

```
syms x↙
y = (1/(x * (log(x))^2)) - 1/(x - 1)^2;
limit(y,x,1,'right')↙
ans =
```

```
    1/12
```

此极限的计算较难,但用 Matlab 很容易得结果。

**例 5**　求极限 $\lim\limits_{n\to\infty}\left(1+\dfrac{1}{n}\right)^n$。

**解**　Matlab 命令为

```
syms n↙
y=(1+1/n)^n;↙
limit(y,n,inf)↙
ans =
    exp(1)
```

**例 6**　求极限 $\lim\limits_{x\to 0}\left(\dfrac{1+\tan\ x}{1+\sin\ x}\right)^{\frac{1}{x^3}}$。

**解**　Matlab 命令为

```
syms x↙
y=(1+tan(x))/(1+sin(x))^(1/x^3);↙
limit(y)↙
ans =
    0
```

## 6.2　求导数与微分

### 6.2.1　一元函数的导数与微分

导数是函数增量与自变量增量 $\Delta x$ 之比的极限($\Delta x\to 0$),即 $f'(x)=\lim\limits_{\Delta x\to 0}\dfrac{f(x+\Delta x)-f(x)}{\Delta x}$。在 Matlab 中求函数的导数及其他一些类似运算均由 diff 命令来完成。

(1)对符号函数求导数

- 命令形式 1: diff(f)

功能:求函数 $f$ 的一阶导数，其中 $f$ 是符号函数。

- 命令形式 2：diff(f,n)

功能：求函数 $f$ 的 $n$ 阶导数，其中 $f$ 是符号函数。

**例 1**　求 $y=\ln(x)$的导数。

**解**　Matlab 命令为

```
syms x↙
f = log(x); diff(f)↙
ans =
     1/x
```

**例 2**　求 $y=\frac{1}{2}\arctan\sqrt{1+x^2}+\frac{1}{4}\ln\frac{\sqrt{1+x^2}+1}{\sqrt{1+x^2}-1}$的导数。

**解**　Matlab 命令为

```
syms x↙
r = sqrt(1 + x^2);↙
y = 1/2 * atan(r) + 1/4 * log((r+1)/(r-1));↙
simple(diff(y))↙
ans =
     -1/(2*x*(1+x^2)^(1/2)+x^3*(1+x^2)^(1/2))
```

$$\therefore y'=-\frac{1}{2x\sqrt{1+x^2}+x^3\sqrt{1+x^2}}$$

**例 3**　求 $f(x)=(ax+\tan 3x)^{\frac{1}{2}}+\sin x\cos(bx)$的一阶、二阶导数。

**解**　Matlab 命令为

```
syms a b x↙
y = (a*x + tan(3*x))^(1/2) + sin(x)*cos(b*x);↙
y1 = diff(y);↙
y2 = diff(y,2);↙
disp('一阶导数为:'),pretty(y1)↙          %pretty 指令的作用是改为
                                          手写格式输出
```

一阶导数为：

$$\frac{1}{2}\frac{a+3+3\tan^2(3x)}{(ax+\tan(3x))^{\frac{1}{2}}}\cos(x)\cos(bx)-\sin(x)\sin(bx)b$$

```
disp('二阶导数为:'),y2↙
二阶导数为:
y2 =
1/4/(a*x+tan(3*x))^(3/2)*(a+3+3*tan(3*x)^2)^2+3/(a*x+tan(3*x))^(1/2)*tan(3*x)*(3+3*tan(3*x)^2)-sin(x)*cos(b*x)-2*cos(x)*sin(b*x)*b-sin(x)*cos(b*x)*b^2
```

(2)用差分法求导数的数值解

因为 $f'(x)=\frac{dy}{dx}=\lim\limits_{\Delta x\to 0}\frac{f(x+\Delta x)-f(x)}{\Delta x}$,则$\frac{dy}{dx}\approx\frac{f(x+\Delta x)-f(x)}{(x+\Delta x)-x}$,$\Delta x>0$,所以 $y$ 对 $x$ 的导数近似等于 $y$ 的有限差分除以 $x$ 的有限差分。如果 $x=\{x_1,x_2,\cdots,x_n\}$,则 $x$ 的差分为向量$\{a_1,a_2,\cdots,a_{n-1}\}$,这里 $a_k=x_k-x_{k-1}$。用差分法求导数比较粗略,误差较大,差分法可以计算数值微分。差分法的具体命令为:

- 命令形式:diff(x)

功能:计算向量 x 的差分。

**例 4** 用差分法画出 $f(x)=(x+\tan x)^{\frac{1}{2}}+\sin x\cos(5x)$的导数的图像。

**解** ①建立 M 命令文件

```
x=-5:.1:5;                     %构造函数自变量取值向量
y=(x+tan(x)).^(1/2)+sin(x).*cos(5*x);
                               %计算函数在向量x点的取值向量
dx=diff(x);                    %计算自变量向量x的差分
dy=diff(y);
yd0=dy./dx                     %计算f(x)的数值导数
plot(x,y,'r',x(1:length(x)-1),yd0,'b.')
                               %画f(x),f(x)的导数的图像
axis([-5,5,-20,20])
legend('f(x)','f(x)的导数')
title('f(x),f(x)的导数的图像')
```

②运行文件得如图 6.1 所示图形

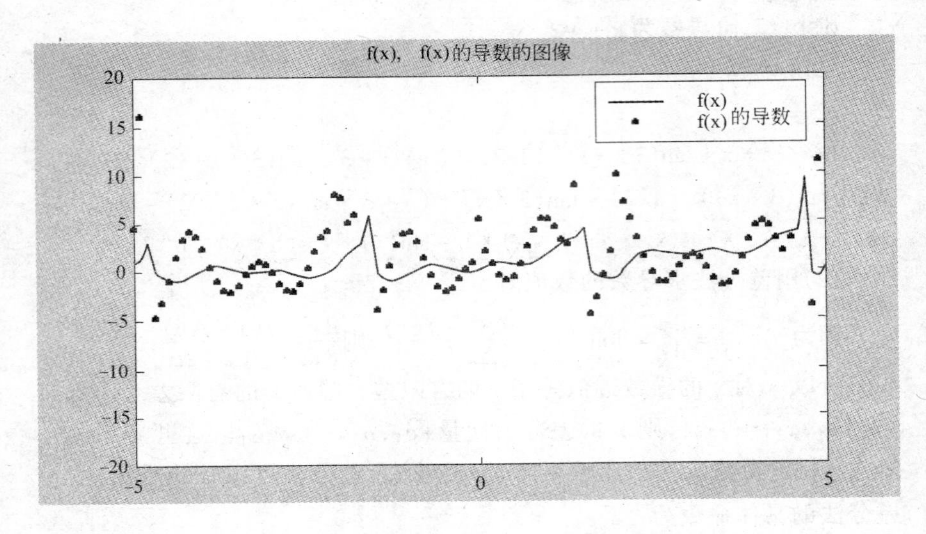


图 6.1 $f(x)=(x+\tan x)^{\frac{1}{2}}+\sin x\cos(5x)$与其导数的图像

(3)用多项式拟合求导数

用差分法求导数误差较大,采用多项式拟合求导数比差分法好。多项式拟合求导数要利用多项式求导命令 polyder(p),但要与拟合指令 polyfit()一块儿使用。这是因为 polyder(p)只能对多项式求导,所以要先利用 polyfit(p)把函数拟合成多项式,然后再求导数。

**例 5** 用 4 阶多项式拟合函数 $\cos(x)\ln(3+x^2+e^{2x})$,并利用多项式求导法求 $x=2$ 处的一阶与二阶导数,并画出函数及其拟合多项式的图像。

**解** ①建立命令文件 exam13.m

```
x=0:.1:8;                    %采集函数自变量离散数据点
y=cos(x).*log(3+x.^2+exp(x.^2));
p=polyfit(x,y,4);
disp('显示拟合 4 次的多项式:')
poly2str(p,'x')
p1=polyder(p);p2=polyder(p1);
x0=polyval(p,2);x1=polyval(p1,2);x2=polyval(p2,2);
```

```
disp(['x=2',blanks(2),'函数值',blanks(2),'一阶导',blanks(2),
'二阶导'])
[x0,x1,x2]
%画图,见图6.2
y1=polyval(p,x);
plot(x,y,'r',x,y1,'b')
legend('f(x)','拟合曲线')
```

②运行命令文件 exam13.m

显示拟合4次的多项式:

```
ans =
  -0.46687 x^4 + 6.6824 x^3 - 27.9457 x^2 + 34.4946 x - 7.1048
x=2        函数值        一阶导      二阶导
           -3.9090      -12.0392     1.8876
```

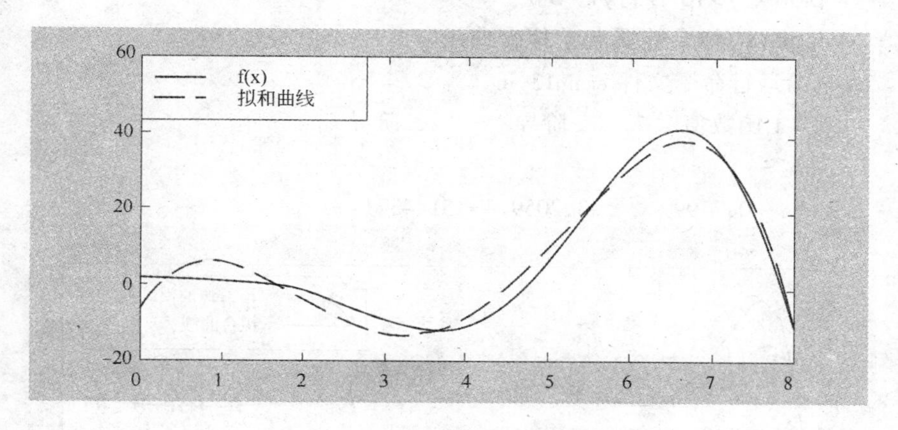


图6.2　函数 $f(x)$ 与其拟合曲线的图像

得结果: $f(2)=-3.9090$, $f'(2)=-12.0392$, $f''(2)=1.8876$。

**例6**　根据数据点

$x=[0.1\quad 0.8\quad 1.3\quad 1.9\quad 2.5\quad 3.1\quad 3.3\quad 3.4\quad 3.6\quad 3.8]$,

$y=[1.2\quad 1.6\quad 2.7\quad 2.0\quad 1.3\quad 0.5\quad 0.6\quad 0.8\quad 1.0\quad 0.9]$,

求 $x=1$ 处的函数值与一阶、二阶导数值。

**解** ①建立命令文件 exam13.m

```
%计算
x=[0.1  0.8  1.3  1.9  2.5  3.1  3.3  3.4  3.6  3.8];
y=[1.2  1.6  2.7  2.0  1.3  0.5  0.6  0.8  1.0  0.9];
p=polyfit(x,y,10);          %用 10 次多项式拟合
p1=polyder(p);p2=polyder(p1);
x0=polyval(p,1);x1=polyval(p1,1);x2=polyval(p2,1);
disp(['x=1','函数值',blanks(3),'一阶导',blanks(3),'二阶导'])
[x0  x1  x2]
%画图,见图 6.3
x1=0:.1:4;
y1=polyval(p,x1);
plot(x,y,'rp',x1,y1,'b')
legend('拟合数据点','拟合曲线')
```

(2)运行命令文件 exam13.m

```
x=1 函数值         一阶导         二阶导
ans =
      0.7799       3.2059      51.4371
```

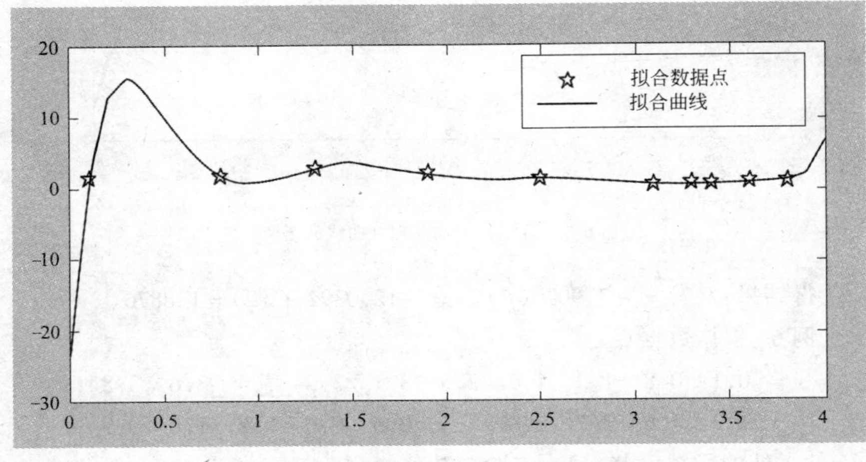


图 6.3 拟合数据点与其拟合曲线的图像

得结果：$f(1)=0.7799$，$f'(1)=3.2059$，$f''(2)=51.4371$。

### 6.2.2　参数方程求导

对参数方程$\begin{cases}x=x(t)\\y=y(t)\end{cases}$所确定的函数 $y=f(x)$，根据公式$\dfrac{dy}{dx}=\dfrac{dy/dt}{dx/dt}$，连续两次利用指令 diff(f)就可求出结果。

**例 7**　求参数方程$\begin{cases}x=t(1-\sin t)\\y=t\cos t\end{cases}$的一阶导数。

**解**　Matlab 命令为

```
syms t↙
x=t*(1-sin(t));y=t*cos(t);↙
dx=diff(x,t)↙
dx =
    1-sin(t)-t*cos(t)
dy=diff(y,t)↙
dy =
    cos(t)-t*sin(t)
pretty(dy/dx)↙
                        cos(t)-tsin(t)
                      ------------------
                      1-sin(t)-tcos(t)
```

### 6.2.3　多元函数求导

- 命令形式 1：diff(f, x)

功能：求函数 $f$ 对变量 $x$ 的一阶导数，其中 $f$ 是符号函数。

- 命令形式 2：diff(f, x, n)

功能：求函数 $f$ 对变量 $x$ 的 $n$ 阶导数，其中 $f$ 是符号函数。

**例 8**　$y=a\sin(be^{cx}+x^{a})\cos(cx)$，求 $y'$。

**解**　Matlab 命令为

```
syms a b c x↙
y=a*sin(b*exp(c*x)+x^a)*cos(c*x);↙
```

```
diff(y,x)↙
ans =
a * cos(b * exp(c * x) + x^a) * (b * c * exp(c * x) + x^a * a/x) *
cos(c * x) - a * sin(b * exp(c * x) + x^a) * sin(c * x) * c
```

**例 9**　求 $u = a\mathrm{e}^{bx+y+z^2}$ 对 $z$ 的偏导数。

**解**　Matlab 命令为

```
syms a b x y z↙
u = a * exp(b * x + y + z^2);↙
diff(u,z);↙
pretty(diff(u,z))↙
                    2 a z exp(b x + y + z )^2
```

**例 10**　对函数 $z = x^3y^2 + \sin(xy)$，求$\dfrac{\partial^3 z}{\partial x^3}$。

**解**　Matlab 命令为

```
syms x y↙
z = x^3 * y^2 + sin(x * y);↙
diff(z,x,3)↙
ans =
     6 * y^2 - cos(x * y) * y^3
```

**例 11**　对函数 $z = x^3y^2 + \sin(xy)$，求$\dfrac{\partial^2 z}{\partial x\partial y}$。

**解**　Matlab 命令为

```
syms x y↙
z = x^3 * y^2 + sin(x * y);↙
dzx = diff(z,x);↙
dzxy = diff(dzx,y)↙
dzxy =
     6 * x^2 * y - sin(x * y) * x * y + cos(x * y)
pretty(diff(dzx,y))↙
                    6x^2y - sin(xy)xy + cos(xy)
```

**例 12** 求：

$$\frac{\mathrm{d}}{\mathrm{d}x}\begin{pmatrix} a & t^3 \\ t\cos x & \ln x \end{pmatrix},\frac{\mathrm{d}^2}{\mathrm{d}t^2}\begin{pmatrix} a & t^3 \\ t\cos x & \ln x \end{pmatrix}\text{和}\frac{\mathrm{d}^2}{\mathrm{d}x\mathrm{d}t}\begin{pmatrix} a & t^3 \\ t\cos x & \ln x \end{pmatrix}。$$

**解** Matlab 命令为

```
syms a t x↙
A1 = [a t^3;t * cos(x) log(x)];↙
dAx = diff(A1,x)↙
dAx =
      [          0,            0]
      [ - t * sin(x),        1/x]
dAxt = diff(dAx,t)↙
dAxt =
      [          0,        0]
      [ - sin(x),          0]
dAt = diff(A1,t)↙
dAt =
      [     0,  3 * t^2]
      [cos(x),        0]
dAtt = diff(dAt,t)↙
dAtt =
      [    0, 6 * t]
      [    0,     0]
```

得结果：$\frac{\mathrm{d}}{\mathrm{d}x}\begin{pmatrix} a & t^3 \\ t\cos x & \ln x \end{pmatrix} = \begin{pmatrix} 0 & 0 \\ -t\sin x & \frac{1}{x} \end{pmatrix}$，

$$\frac{\mathrm{d}^2}{\mathrm{d}t^2}\begin{pmatrix} a & t^3 \\ t\cos x & \ln x \end{pmatrix} = \begin{pmatrix} 0 & 6t \\ 0 & 0 \end{pmatrix},$$

$$\frac{\mathrm{d}^2}{\mathrm{d}x\mathrm{d}t}\begin{pmatrix} a & t^3 \\ t\cos x & \ln x \end{pmatrix} = \begin{pmatrix} 0 & 0 \\ -\sin x & 0 \end{pmatrix}。$$

### 6.2.4 求梯度与方向导数

(1)梯度

• 数学定义：$\mathrm{grad}f(x,y,z)=\frac{\partial f}{\partial x}\boldsymbol{i}+\frac{\partial f}{\partial y}\boldsymbol{j}+\frac{\partial f}{\partial z}\boldsymbol{k}$

• 命令形式：jacobian(f)

功能：求多元函数 $f$ 的梯度。

**例 13** 求函数 $f(x,y,z)=x^2+y^2+z^2$ 在点(1,－1,2)的梯度。

**解** Matlab 命令为

```
syms x y z↙
f = x^2 + y^2 + z^2;↙
s = jacobian(f)↙
sx = subs(s,'x','1');↙
sy = subs(sx,'y','-1');↙
sz = subs(sy,'z','2');↙
g = vpa(sz)↙
ans =

     2          -2          4
```

结果分析：$\mathrm{grad}f(1,-1,2)=2\boldsymbol{i}-2\boldsymbol{j}+4\boldsymbol{k}$。

(2)方向导数

• 数学定义：

$$\frac{\partial f}{\partial l}=\frac{\partial f}{\partial x}\cos\alpha+\frac{\partial f}{\partial y}\cos\beta+\frac{\partial f}{\partial z}\cos\gamma,$$

所以

$$\frac{\partial f}{\partial l}=\mathrm{grad}f(x,y,z)(\cos(\alpha),\cos(\beta),\cos(\gamma))。$$

• 命令形式：jacobian(f) * (cos(α),cos(β),cos(γ))

功能：求多元函数 $f$ 的方向导数。

**例 14** 求函数 $f(x,y,z)=xy^2+z^3-xyz$ 在点(1,1,2)处沿方向角为 $\alpha=\frac{\pi}{3},\beta=\frac{\pi}{4},\gamma=\frac{\pi}{3}$ 方向的方向导数。

**解**　Matlab 命令为

```
syms x y z↙
f = x * y^2 + z^3 - x * y * z;
s = jacobian(f);
sx = subs(s,'x','1');
sy = subs(sx,'y','1');
sz = subs(sy,'z','2');
g = vpa(sz)
a = pi/3;b = pi/4;c = pi/3;
L = g * [cos(a),cos(b),cos(c)]'
```

运行结果为：

```
g =
    [ -1.,   0,   11.]
L =
    5.0000
```

所以：$\text{grad}f(1,1,2) = -\boldsymbol{i} + 11\boldsymbol{k}$，方向导数为 5。

### 6.2.5　隐函数求导

方程 $F(x,y)=0$ 确定的隐函数 $y=y(x)$，则 $\frac{\mathrm{d}y}{\mathrm{d}x} = -\frac{F_x}{F_y}$；方程 $F(x,y,z)=0$ 确定的隐含数 $z=z(x,y)$，则 $\frac{\partial z}{\partial x} = -\frac{F_x}{F_z}$，$\frac{\partial z}{\partial y} = -\frac{F_y}{F_z}$，这些公式可以用来求隐函数的导数。

**例 15**　求 $e^y + xy - e^x = 0$ 所确定的隐函数 $y=y(x)$ 的导数 $\frac{\mathrm{d}y}{\mathrm{d}x}$。

**解**　Matlab 命令为

```
syms x y↙
f = x * y - exp(x) + exp(y);↙
dfx = diff(f,x);↙
dfy = diff(f,y);↙
dyx = - dfx/dfy;↙
```

```
pretty(dyx)↙
```

$$\frac{-y+\exp(x)}{x+\exp(y)}$$

得结果：$\frac{dy}{dx}=\frac{e^x-y}{e^y+x}$。

**例 16**　$u=x^2+y^2+z^2$，其中 $z=z(x,y)$，求$\frac{\partial z}{\partial x},\frac{\partial z}{\partial y}$。

**解**　Matlab 命令为

```
syms x y z↙
u=x^2+y^2+z^2;↙
dux=diff(u,x);duy=diff(u,y);duz=diff(u,z);↙
dzx=-dux/duz↙
dzx =

    -x/z

dzy=-duy/duz↙
dzy =

    -y/z
```

得结果：$\frac{\partial z}{\partial x}=-\frac{x}{z},\frac{\partial z}{\partial y}=-\frac{y}{2}$。

## 6.3　求不定积分

高等数学中求不定积分是较费时间的事情，在 Matlab 中，只要输入一个命令就可以快速求出不定积分来。

- 命令形式 1：int(f)

功能：求函数 $f$ 对默认变量的不定积分，用于函数中只有一个变量。

- 命令形式 2：int(f,v)

功能：求函数 $f$ 对变量 $v$ 的不定积分。

**例 1**　计算 $\int\frac{1}{\sin^2 x\cos^2 x}dx$。

**解**　Matlab 命令为

```
syms x↙
```

```
y = 1/(sin(x)^2 * cos(x)^2);↙
int(y);↙
pretty(int(y))↙
```

$$\frac{1}{\sin(x)\cos(x)} - 2\,\frac{\cos(x)}{\sin(x)}$$

$\therefore\quad \int \frac{1}{\sin^2 x\cos^2 x}\mathrm{d}x = \frac{1}{\sin x\cos x} - 2\frac{\cos x}{\sin x} + C$　（$C$为任意实数,下同）

**例 2**　计算$\int \frac{1}{(a^2 - x^2)}\mathrm{d}x$。

**解**　Matlab 命令为

```
syms a x↙
y1 = 1/(a^2 - x^2);↙
int(y1,x);↙
pretty(int(y1))↙
```

$$-1/2\,\frac{\log(a - x)}{a} + 1/2\,\frac{\log(a + x)}{a}$$

$\therefore\quad \int \frac{1}{(a^2 - x^2)}\mathrm{d}x = -\frac{\ln(a - x)}{2a} + \frac{\ln(a + x)}{2a} + C$

**例 3**　计算$\int \begin{pmatrix} ax & bx^2 \\ \frac{1}{x} & \sin x \end{pmatrix}\mathrm{d}x$。

**解**　Matlab 命令为

```
syms a b x↙
y = [a * x b * x^2;1/x sin(x)];↙
int(y,x)↙
ans =
    [1/2 * a * x^2,1/3 * b * x^3]
    [      log(x),       - cos(x)]
```

## 6.4　求定积分

定积分的计算是实际问题中经常遇到的问题,定积分计算同样也是较费时间的事情，而且有时还会遇到因求不出原函数而积不出结果的情况，这些在 Matlab 中，只要输入一个命令就可以快速求出定积分值来。

### 6.4.1 定积分的符号解法

- 命令形式：int(f,x,a,b)

功能：用微积分基本公式计算定积分 $\int_a^b f(x)\mathrm{d}x$。

**例 1** $\int_{-2}^{2}(x^2+a)^{\frac{1}{2}}\mathrm{d}x$。

**解** Matlab 命令为

```
syms x a↙
f = sqrt(x^2 + a);↙
int(f,x,-2,2);↙
pretty(int(f,x,-2,2))↙
2(4 + a)^(1/2) + 1/2a log(2 + (4 + a)^(1/2)) - 1/2a log(-2 + (4 + a)^(1/2))
```

**例 2** 求 $\lim\limits_{x\to 0}\dfrac{\left(\int_0^x \mathrm{e}^{t^2}\mathrm{d}x\right)^2}{\int_0^x t(\mathrm{e}^{t^2})^2\mathrm{d}x}$。

**解** Matlab 命令为

```
syms t x↙
y1 = exp(t^2);y2 = t * y1^2;↙
r1 = int(y1,t,0,x);r2 = int(y2,t,0,x);↙
f = r1^2/r2;↙
limit(f,x,0)↙
ans =

    2
```

**例 3** 变上限函数 $f(x)=\int_0^{x^2}\sqrt{1-t^2}\mathrm{d}t$ 求导。

**解** Matlab 命令为

```
syms x t↙
a = x^2;f = sqrt(1 - t^2);
```

```
gg = int(f,t,0,a);
diff(gg);
pretty(simple(diff(gg)))
```

运行结果为：

$$\frac{2x - 2x^5}{(1 - x^4)^{1/2}}$$

所以：$f'(x) = \left(\int_0^{x^2} \sqrt{1 - t^2}\,dt\right)' = 2x\sqrt{1 - x^4}$

**例4**　计算定积分$\int_{\frac{1}{2}}^{2}\left(1 + x - \frac{1}{x}\right)e^{x+\frac{1}{x}}dx$。

**解**　Matlab命令为

```
syms x↙
t = 1 + x - 1/x;y = exp(x + 1/x);↙
f = t * y;↙
int(f,x,1/2,2)↙
ans =
     3/2 * exp(5/2)
```

$$\therefore \int_{\frac{1}{2}}^{2}\left(1 + x - \frac{1}{x}\right)e^{x+\frac{1}{x}}dx = \frac{3}{2}e^{\frac{5}{2}}$$

```
ezplot(f)↙                % 绘出图形,见图6.4
```

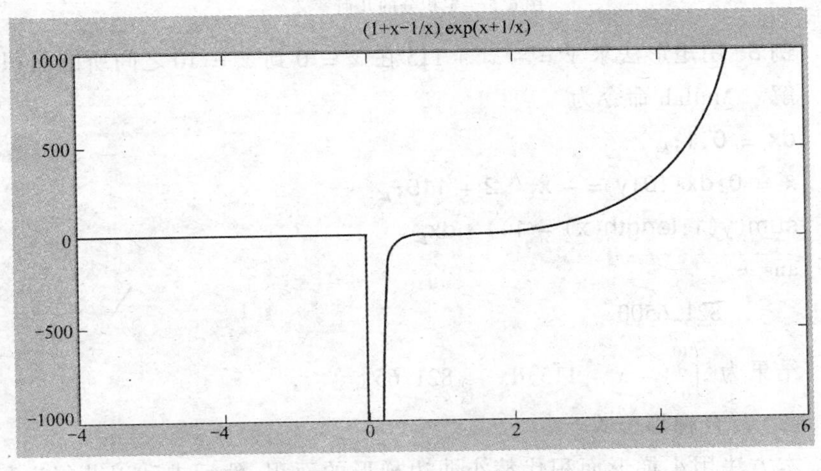


图6.4　被积函数$\left(1 + x - \frac{1}{x}\right)e^{x+\frac{1}{x}}$的图像

### 6.4.2 用数值方法计算定积分

用定积分的符号解法求定积分有时会失效，此时，可以用数值方法来计算定积分的值。Matlab 提供了如下一些计算定积分值的数值方法。

(1) 使用矩形法求定积分

定积分$\int_a^b f(x)\mathrm{d}x$ 的几何意义是由 $y = f(x)$, $y = 0$, $x = a$, $x = b$ 围成的曲边梯形的面积(代数和)，参看图 6.5。用矩形法求定积分就是用小矩形面积代替小曲边梯形的面积，然后求和以获得定积分的近似值，这种方法精度较低。矩形法可以用命令 sum(x) 来完成，它的功能为求向量 x 的和或者是矩阵每一列向量的和。

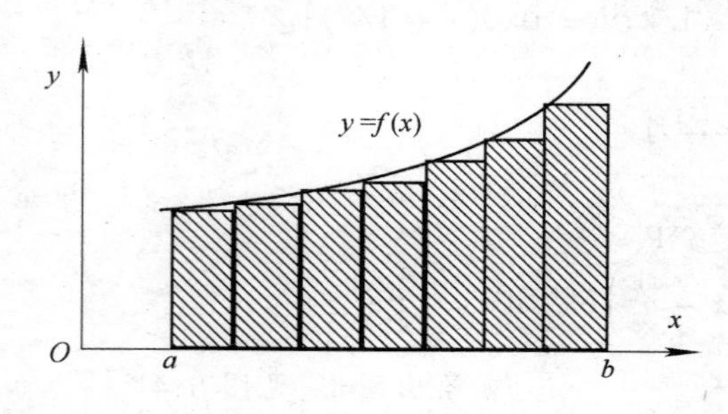


图 6.5 定积分的几何意义

**例 5** 用矩形法求 $y = -x^2 + 115$ 在 $x = 0$ 到 $x = 10$ 之间所围面积。

**解** Matlab 命令为

```
dx = 0.1;↙
x = 0:dx:10;y = - x.^2 + 115;↙
sum(y(1:length(x) - 1)) * dx↙
ans =

    821.6500
```

结果为：$\int_0^{10}(-x-115)\mathrm{d}x \approx 821.65$。

(2) 复合梯形公式

本方法用小梯形面积代替小曲边梯形的面积，然后求和以获得定积分分的近似值。

- 命令形式:trapz(x,y)

功能:用复合梯形公式计算定积分,变量 x 是积分变量在被积区间上的分点向量,y 为被积函数在 x 处对应的函数值向量。

(3) 复合辛普生公式

本方法用抛物线代替小曲边梯形的曲边计算小面积,然后求和以获得定积分的近似值。

- 命令形式 1:quad('fun',a,b,tol,trace)
- 命令形式 2:quad8('fun',a,b,tol,trace)

式中 fun 是被积函数表达式字符串或者是 M 函数文件名,a,b 是积分的下限与上限,tol 代表精度,可以缺省;缺省时,tol = 0.001。trace = 1 时用图形展示积分过程,trace = 0 时无图形,默认值为 0。命令形式 2 比命令形式 1 精度高。

**例 6**　用两种方法求 $\int_2^5 \frac{\ln x}{x^2} dx$ 的积分值。

**解**　Matlab 命令为

```
syms x;↙
x = 2:.1:5;↙
y = log(x)./(x.^2);↙
t = trapz(x,y);↙
ff = inline('log(x)./(x.^2)','x');↙
q = quad(ff,2,5);↙
disp([blanks(3),'梯形法求积分',blanks(3),'辛普生法求积分']),[t ,q]↙
梯形法求积分      辛普生法求积分
0.3247            0.3247
```

说明:inline 表示内联函数。

**例 7**　设 $s(x) = \int_0^x y(t)dt$,其中 $y(t) = e^{-0.8t|\sin t|}$,见图 6.6。求 $s(10)$。

**解**　① 建立 M 命令文件

```
clf
```

```
dt = 0.1;t = 0:dt:10;
y = exp(-0.8*t.*abs(sin(t)));
ss10 = dt*sum(y(1:length(t)-1));
st10 = trapz(t,y);
ff = inline('exp(-0.8*t.*abs(sin(t)))','t');
q = quad(ff,0,10);
q8 = quad8(ff,0,10);
disp([blanks(5),'sum',blanks(6),'trapz',blanks(5),'quad',
blanks(5),'quad8'])
disp([ss10,st10,q,q8])
plot(t,y,'b')
legend('y(x)')
```

② 运行 M 文件

```
     sum        trapz       quad       quad8
   2.7069      2.6576      2.6597     2.6597
```

说明：用矩形法求得 $s(10) = 2.7069$，用梯形法求得 $s(10) = 2.6576$，用辛普生法求得 $s(10) = 2.6597$。

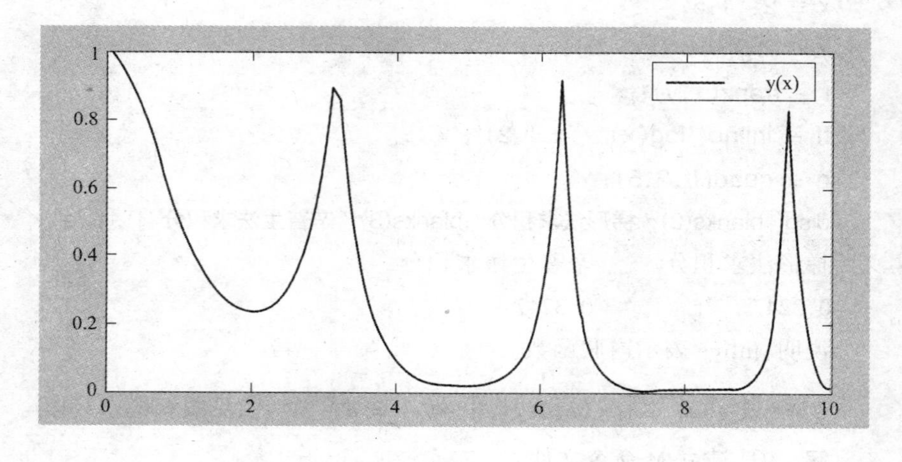


图 6.6　被积函数的图像

### 6.4.3　广义积分

- 命令形式1:int(f,v,a,inf)

功能:求区间($a$, $+\infty$)上的广义积分,$f$是被积函数,积分变量为$v$。

- 命令形式2:int(f,v,-inf,b)

功能:求区间($-\infty$, $b$)上的广义积分,$f$是被积函数,积分变量为$v$。

- 命令形式3:int(f,v,-inf,inf)

功能:求区间($-\infty$, $+\infty$)上的广义积分,$f$是被积函数,积分变量为$v$。

**例8**　计算广义积分$\int_1^{+\infty}\frac{1}{x^4}dx$。

**解**　Matlab命令为

```
syms x↙
f = 1/(x^ 4);↙
int(f,x,1,inf)↙
ans =
      1/3
```

### 6.4.4　计算二重积分

- 命令形式:dblquad('f',xmin,xmax,ymin,ymax)

功能:计算重积分$\int_{xmin}^{xmax}dx\int_{ymin}^{ymax}f(x,y)dy$,其中xmin,xmax,ymin,ymax表示积分限,而且这四个数为常数。

**例9**　计算$\iint_D xy\,dx\,dy$,其中$D$是由$y=1, x=4, x=0, y=0$所围成的区域。

**解**　(1)建立M函数文件

```
function z = ff(x,y)
z = x * y;
```

(2)Matlab命令为

```
dblquad(ff,0,4,0,1)↙
ans =
     4
```

**例 10**　计算$\int_0^1 dy\int_0^1 (x^2+y)dx$。

**解**　Matlab 命令

```
ff = inline('x.^2 + y','x','y');↙
dblquad(ff,0,1,0,1)↙
ans =
    0.8333
```

# 6.5　函数展开成幂级数

• 命令形式 1：taylor(f)

功能：将函数 $f$ 展开成默认变量的 6 阶麦克劳林公式。

• 命令形式 2：taylor(f,n)

功能：将函数 $f$ 展开成默认变量的 $n$ 阶麦克劳林公式。

• 命令形式 3：taylor(f,n,v,a)

功能：将函数 $f(v)$在 $v=a$ 处展开 $n$ 阶泰勒公式。

**例 1**　将函数 $f(x)=x\arctan x-\ln\sqrt{1+x^2}$展开为 $x$ 的 6 阶麦克劳林公式。

**解**　Matlab 命令为

```
syms x↙
f = x * atan(x) - log(sqrt(1 + x^2));↙
taylor(f)↙
ans =
    1/2 * x^2 - 1/12 * x^4
```

**例 2**　将函数 $f(x)=\frac{1}{x^2}$展开为关于$(x-2)$的最高次为 4 的幂级数。

**解**　Matlab 命令为

```
syms x↙
f = 1/x^2;↙
taylor(f,4,x,2);↙
```

```
pretty(taylor(f,4,x,2))↙
```

$$3/4-1/4x+3/16(x-2)^2-1/8(x-2)^3$$

**例3**　用正弦函数 sin *x* 的不同 Taylor 展式观察函数的 Taylor 逼近特点。

**解**　①建立命令文件

```
syms x
y = sin(x);
f1 = taylor(y,3);f2 = taylor(y,6);f3 = taylor(y,15);
subplot(2,2,1),ezplot(y),axis([-6 6 -1.5 1.5]),gtext('sin(x)')
subplot(2,2,2),ezplot(f1),axis([-6 6 -1.5 1.5]),gtext('3阶泰勒展开')
subplot(2,2,3),ezplot(f2),axis([-6 6 -1.5 1.5]),gtext('6阶泰勒展开')
subplot(2,2,4),ezplot(f3),axis([-6 6 -1.5 1.5]),gtext('15阶泰勒展开')
```

② 运行命令文件(绘出图6.7)

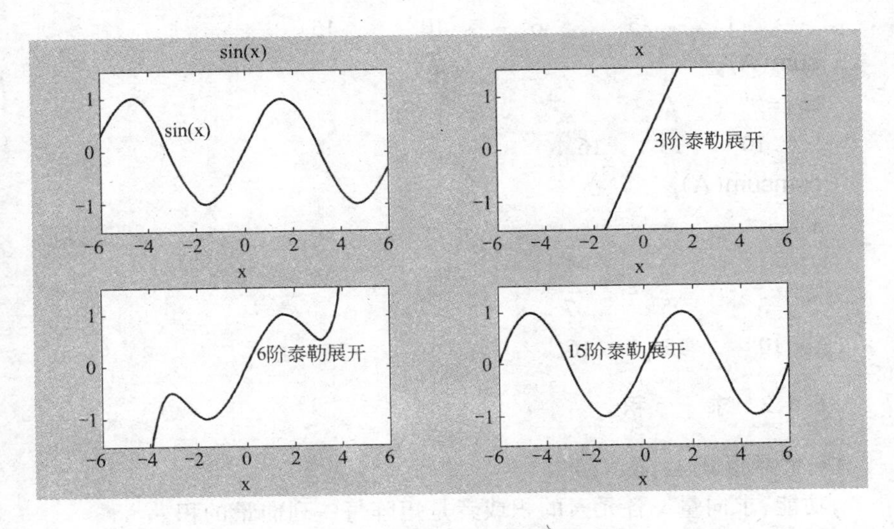


图6.7　函数 $y=\sin x$ 与它的不同阶泰勒展开式的图像

## 6.6 求和、求积、级数求和

### 6.6.1 求　　和

- 命令形式 1:sum(x)

功能:求向量 x 的和或者是矩阵每一列向量的和。

- 命令形式 2:cumsum(x)

功能:如果 x 是向量,逐项求和并用行向量显示出来;如果 x 是矩阵,则对列向量进行操作。

例如:

```
a=1:5;A=[1 2 3;2 3 4;7 8 9];↙
sum(a)↙
ans =
    15
cumsum(a)↙
ans =
     1     3     6    10    15
sum(A)↙
ans =
    10    13    16
cumsum(A)↙
ans =
     1     2     3
     3     5     7
    10    13    16
```

### 6.6.2 求　　积

- 命令形式 1:prod(x)

功能:求向量 x 各元素的积或者是矩阵每一列向量的积。

- 命令形式 2:cumprod(x)

功能：如果 x 是向量，逐项求积并用行向量显示出来；如果 x 是矩阵，则对列向量进行操作。

例如：

```
a=1:5;A=[1 2 3;2 3 4;7 8 9];↙
prod(a)↙
ans =
    120
cumprod(a)↙
ans =
     1      2      6      24      120
prod(A)↙
ans =
     14      48      108
cumprod(A)↙
ans =
     1      2      3
     2      6     12
    14     48    108
```

### 6.6.3　级数求和

• 命令形式：symsum(s,v,a,b)

功能：对变量 $v$ 求由 $a$ 到 $b$ 的有限项的和，其中 $s$ 为求和级数的通项表达式。

**例 1**　求 $\sum_{k=0}^{n-1} k^3$。

**解**　Matlab 命令为

```
syms k↙
f=k^3;↙
symsum(f,k, 0, n-1)↙
ans =
```

```
1/4 * n^4 - 1/2 * n^3 + 1/4 * n^2
```

**例 2**　求 $\sum_{n=0}^{100}[an^3+(a-1)n^2+bn+2]$。

**解**　Matlab 命令为

```
syms a b n↙
f = a*n^3 + (a-1)*n^2 + b*n + 2;↙
collect(symsum(f,n,0,100))↙
ans =
     25840850*a + 5050*b - 338148
```

## 6.7　求函数的零点

(1) 用求根法求函数的零点

这部分内容在第 4 章已经作了介绍,这里不再重复。

(2) 用 fzeros 求函数的零点

- 命令形式:z = fzero('fun',x0,tol,trace)

功能:求函数 fun 在 x0 附近的零点。其中 fun 是被求零点的函数文件名,x0 是一个具体的值,tol 代表精度,可以缺省。缺省时,tol = 0.001。trace = 1,迭代信息在运算中显示,trace = 0,不显示迭代信息,默认值为 0。

此命令不仅可以求零点,而且可以求函数等于任何常数值的点。

**例 1**　通过求 $f(t)=(\sin^2 t)e^{-0.1t}-0.5|t|$ 的零点,综合叙述相关指令的用法。

**解**　① 建立 M 函数文件

```
function y = gg(x)
y = sin(x).^2.*exp(-0.1*x) - 0.5*abs(x);
```

② 建立 M 命令文件

```
clf
x = -10:0.01:10;
y = gg(x);
plot(x,y,'r');hold on,plot(t,zeros(size(t)),'k--');
```

```
xlabel('t');ylabel('y(t)'),hold off
disp('通过图形取点')
[tt,yy] = ginput(3)                          % 通过图形取三个点
xzero1 = fzero('gg',tt(1));
xzero2 = fzero('gg',tt(2));
xzero3 = fzero('gg',tt(3));                  % 求这三个点附近的零点
disp('零点的横坐标')
disp([xzero1 xzero2 xzero3])
hold on
plot(xzero1,gg(xzero1),'bp',xzero2,gg(xzero2),'bp',xzero3,
gg(xzero3),'bp')
legend('gg(x)','y = 0','零点')               % 画出三个零点
```

③ 运行命令文件(绘出图6.8)

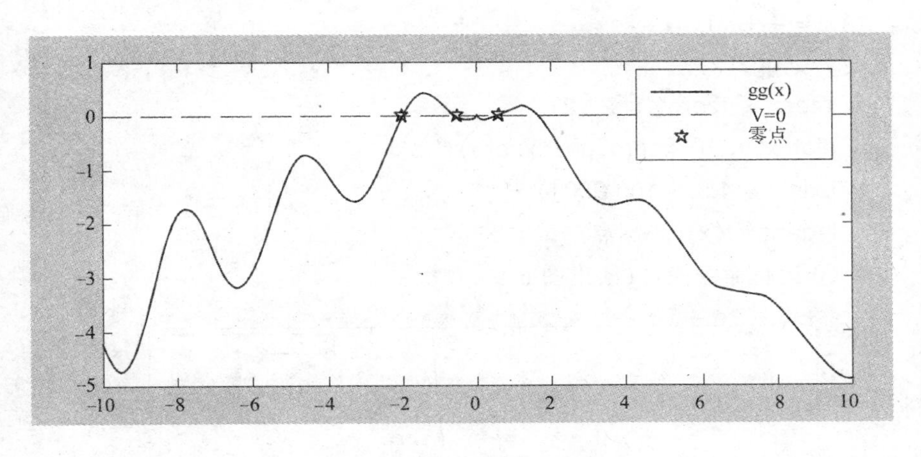


图6.8　函数零点分布观察图

通过图形取点

tt =

   − 2.0530
   − 0.5960
     0.5960

```
yy =
      - 0.0251
        0.0050
      - 0.0251
```

零点的横坐标

```
      - 2.0074    - 0.5198   0.5993
```

**例 2** 求 $f(x) = 3*2^{5x}(x^2 + \cos x) - 40$ 在 $x = 2$ 附近的零点,并画出函数的图像。

**解** ① 建立 M 函数文件

```
function y = gg2(x)
y = 3*2.^(5*x).*(x.^2 + cos(x)) - 40;
```

② 建立 M 命令文件

```
clf
x =- 4:.1:5;
y = gg2(x);
xzero = fzero('gg2',2)
plot(x,y,'b',xzero,gg2(xzero),'rp')
axis([- 4 5 - 100 300])
legend('f(x)',' 零点 ')
```

③ 运行命令文件(绘出图 6.9)

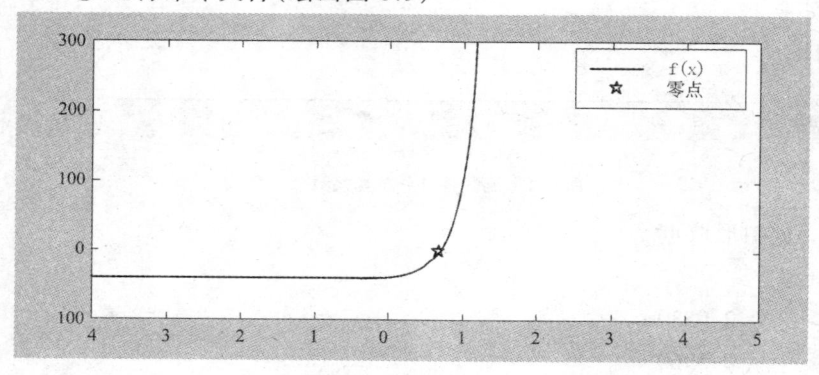


图 6.9　函数零点分布观察图

```
xzero =
      0.6846
```

## 6.8　求函数的极值点

(1) 求一元函数极值问题

- 命令形式 1:fmin(fun,x1,x2)

功能:在区间[x1,x2] 内求函数 fun 的极小值点。

- 命令形式 2:fminbnd (fun,x1,x2)

功能:在区间[x1,x2] 内求函数 fun 的极小值点。

注:命令 1 在 Matlab 早期版本中使用,命令 2 在 Matlab 5.3 及其以上的版本中使用,fun 是被求零点的函数文件名。

**例 1**　求 $f(x) = x + 3*(x^2 + \cos x)$ 在区间[-1,1] 内 的最小值,并画出函数的图像。

**解**　① 建立 M 函数文件

```
function y = gg3(x)
y = x + 3 * (x.^2 + cos(x));
```

② 建立 M 命令文件

```
clf
x = -2:.1:2;
y = gg3(x);
xmin = fmin('gg3', -1,1)
plot(x,y,'b',xmin,gg3(xmin),'rp')
legend('f(x)',' 极小点 ')
```

③ 运行命令文件(绘出图 6.10)

```
xmin =
    -2.7756e-017
```

**例 2**　求函数 $y = 3x^4 - 5x^2 + x - 1$,在[-2,2]的极大值、极小值和最大值、最小值。

**解**　先画出函数图形,再确定求极值的初值和命令。

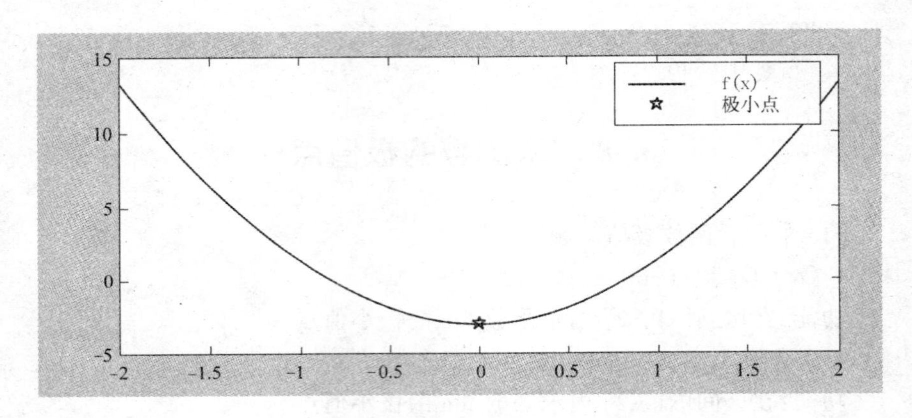


图 6.10　函数极小点分布观察图

Matlab 命令为

```
fplot('3*(x.^4)-5*(x.^2)+x-1',[-2,2]), grid on↙
```

从图 6.11 中看到函数在 -1 和 1 附近有两个极小值点，在 0 附近有一个极大值点。下面我们分别求之，并标在图形上。

①建立 M 函数文件

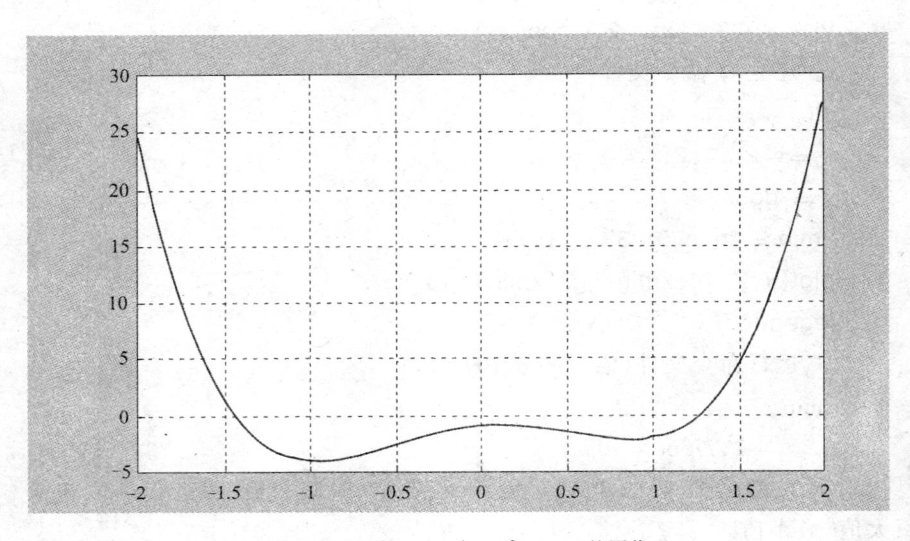

图 6.11　函数 $y=3x^4-5x^2+x-1$ 的图像

```
function y = ff1(x)
y = 3 * x.^4 - 5 * x.^2 + x - 1;
```

②建立 M 命令文件

```
clf
x = -2:.1:2;y = ff1(x);
xmin1 = fmin('ff1', -1,0)
xmin2 = fmin('ff1',0,1.2)
xmaxs = fmin('-(3*(x.^4)-5*(x.^2)+x-1)', -1,1)
plot(x,y,'b',xmin1,ff1(xmin1),'rp',xmin2,ff1(xmin2),'rp')
hold on,plot(xmaxs,ff1(xmaxs),'rd')
legend('f(x)','极小点','极小点','极大点')
```

③运行命令文件(绘出图 6.12)

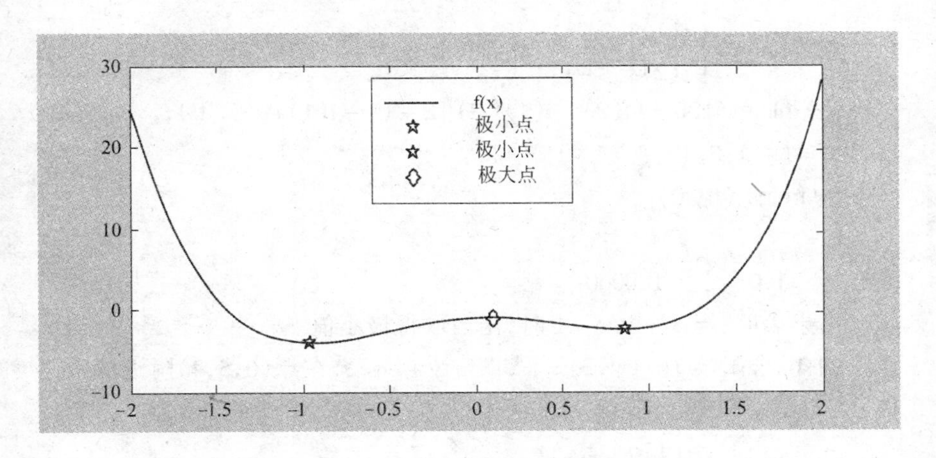


图 6.12 函数 $y = 3x^4 - 5x^2 + x - 1$ 及其极值点的图像

```
xmin1 =
       -0.9593
xmin2 =
        0.8580
xmaxs =
        0.1012
```

(2)求多元函数极值问题

求多元函数极小值常用的方法有单纯形法和拟牛顿法,主要命令有:

● 命令形式 1:fminsearch(fun,x0)

功能:用单纯法求多元函数的极值点。在 Matlab 早期版本中使用 fmins。

● 命令形式 2:fminunc(fun,x0)

功能:用拟牛顿法求多元函数的极值点。

注:命令中 fun 是要求零点的多变量函数文件名,x0 表示极小值点的初始预测值。

**例 3**　求 $f(x,y)=100(y-x^2)^2+(1-x)^2$ 的极小值点。这是著名的 Rosenbrock's "Banana"测试函数,它的理论极小值是 $x=1,y=1$。该测试函数有一片浅谷,许多算法难以越过此谷。

**解**　令 $t=\begin{bmatrix}t(1)\\t(2)\end{bmatrix}=\begin{bmatrix}x\\y\end{bmatrix}$,Matlab 命令为

```
ff=inline('100*(t(2)-t(1)^2)^2+(1-t(1))^2','t');↙
t0=[-1.2,1];↙
t=fmins (ff,t0)↙
t =
    1.0        1.0000
```

结果表明:当 $x=1,y=1$ 时,函数取得极小值。

**例 4**　求函数 $f(x,y,z)=x^4+\sin y-\cos z$,在点(0,5,4)附近的极小值。

**解**　令 $t=\begin{bmatrix}t(1)\\t(2)\\t(3)\end{bmatrix}=\begin{bmatrix}x\\y\\z\end{bmatrix}$,Matlab 命令为

```
t0=[0,5,4];
ff=inline('t(1)^4+sin(t(2))-cos(t(3))','t');
disp('单纯形法求极值:')
[t,fval]=fminsearch(ff,t0)
disp('拟牛顿法求极值:')
```

```
[t,fval] = fminunc(ff,t0)
```

运行结果为:

单纯形法求极值:

```
t =
   -0.0021    4.7124    6.2832
fval =
   -2.0000
```

拟牛顿法求极值:

```
t =
        0    4.7124    6.2832
fval =
 -2.0000
```

结果表明:当 $x=0, y=4.7124, z=6.2832$ 时,函数取得极小值 $f=-2$。

# 6.9　常微分方程的求解

设微分方程初值问题:

$$\begin{cases} \dfrac{dy}{dx} = f(x,y) \\ y(x_0) = y_0 \end{cases}$$

其中 $f$ 适当光滑,对 $y$ 满足利普希茨条件,即存在 $L$ 使 $|f(x,y_1) - f(x,y_2)| \leq L|y_1 - y_2|$ 以保证方程的解存在且唯一。

## 6.9.1　常微分方程的符号解法

- 命令形式 1:dsolve('eqution')

功能:求常微分方程 eqution 的解。

- 命令形式 2:dsolve('eqution','cond1,cond2…','var')

功能:求常微分方程 eqution 的满足初始条件的特解。其中 eqution 是求解的微分方程或微分方程组,cond1,cond2… 是初始条件,var 是自变量。

**例 1**　求$\frac{dy}{dx} = y^2$的解。

**解**　Matlab命令为

```
dsolve('Dy = y ∧ 2','x')↙
ans =
        - 1/(x - c1)
```

**例 2**　求解两点边值问题：$xy'' - 3y' = x^2, y(1) = 0, y(5) = 0$。(注意:相应的数值解法比较复杂)

**解**　Matlab命令为

```
y = dsolve('x * D2y - 3 * Dy = x^ 2','y(1) = 0,y(5) = 0','x')↙
y =
     - 1/3 * x^ 3 + 125/468 + 31/468 * x^ 4
```

### 6.9.2　常微分方程的数值解法

指令格式有：

- [t,y] = ode23('fun',tspan,yo)　　2/3阶龙格库塔方法
- [t,y] = ode45('fun',tspan,yo)　　4/5阶龙格库塔方法
- [t,y] = ode113('fun',tspan,yo)　　高阶微分方程数值方法

其中fun是定义函数的文件名。该函数fun必须以dx为输出量,以t,y为输入量。tspan = [t0 tfina]表示积分的起始值和终止值。yo是初始状态列向量。

**例 3**　用数值积分的方法求解下列微分方程：$y'' + y = 1 - \frac{t^2}{2\pi}$。设初始时间$t_0 = 0$;终止时间$t_f = 3\pi$;初始条件$y|_{x=0} = 0, y'|_{x=0} = 0$。

**解**　① 先将高阶微分方程转化为一阶微分方程组,其左端分别为变量$x$的两个元素的一阶导数。

设$x = \begin{bmatrix} x(1) \\ x(2) \end{bmatrix} = [x_y']$,则方程可化为

$$\begin{cases} x(1)' = x(2) \\ x(2)' + x(1) = 1 - \frac{t^2}{2\pi} \end{cases},$$

写成矩阵形式为

$$\boldsymbol{x}' = \begin{bmatrix} x(1)' \\ x(2)' \end{bmatrix} = \begin{bmatrix} 0 & 1 \\ -1 & 0 \end{bmatrix} \begin{bmatrix} x(1) \\ x(2) \end{bmatrix} + \begin{bmatrix} 0 \\ 1 \end{bmatrix} \left(1 - \frac{t^2}{2\pi}\right)$$

$$= \begin{bmatrix} 0 & 1 \\ -1 & 0 \end{bmatrix} \boldsymbol{x} + \begin{bmatrix} 0 \\ 1 \end{bmatrix} \left(1 - \frac{t^2}{2\pi}\right)。$$

变量 $x$ 的初始条件为 $x(0) = [0;0]$，这就是待积分的微分方程组的标准形式。

②Matlab 程序

将导数表达式的右端写成一个 exf.m 函数程序，内容如下：

```
function xdot = exf(t,x)
u = 1 - (t.^2)/(2*pi);
xdot = [0 1; -1 0]*x + [0 1]'*u;
```

主程序调用已有的数值积分函数进行积分，其内容如下：

```
clf,t0 = 0;tf = 3*pi;x0t = [0;0];                % 给出初始值
[t,x] = ode23('exf',[t0,tf],x0t)                  % 此处显示结果
y = x(:,1),                                       %y 为 x 的第一分量
% 本题的解析结果为 y2(I) = (1 + 2/(pi^2))*(1 - cos(t(I))) -
   t(I)^2/(pi^2)
% 在数值积分输出的时间序列点上计算它的值并画图与数值解作比较
for I = 1;length(t);
y2(I) = (1 + 2/(pi^2))*(1 - cos(t(I))) - t(I)^2/(pi*2);
                                                  % 解析解计算
end
u = 1 - (t.^2)/(pi*2);
clf,plot(t,y,'-',t,u,'+',t,y2,'o')
legend('数值积分解','输入量','解析解') % 图例作标注
```

③ 运行文件(绘出图 6.13)。

④ 结果分析：这个数值积分函数是按精度要求自动选择步长的，它的默认精度为 $10^{-3}$，因此图中的积分结果和解析解看不出差别。可以用长格式显示 y 和 y2，比较他们的微小误差。若要改变精度要求，可在调用命

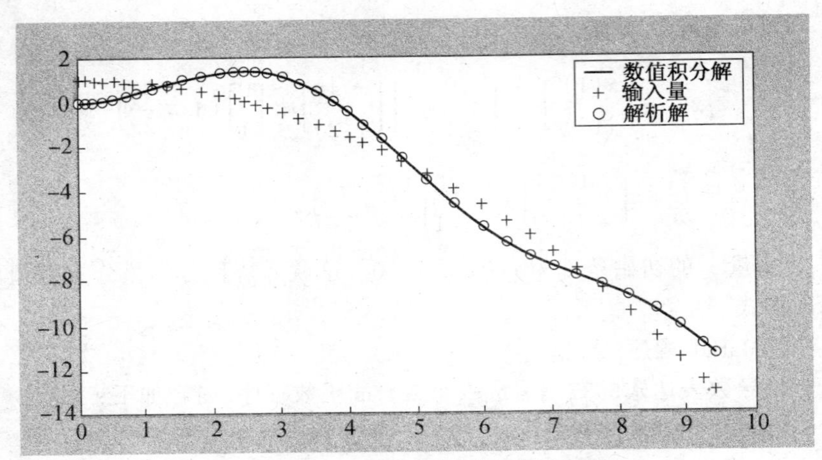


图 6.13　例 3 中数值积分解与解析解的曲线

令中增加可选变元。详情可通过 help ode23 查找。

**例 4**　求微分方程 $\frac{d^2x}{dt^2}-\mu(1-x^2)\frac{dx}{dt}+x=0$ 在初始条件 $x(0)=1$，$\frac{dx(0)}{dt}=0$ 情况下的解，并图示（见图 6.14）。

**解**　①先将高阶微分方程转化为一阶微分方程组，其左端分别为变量 $x$ 的两个元素的一阶导数。

设 $y=\begin{bmatrix} y(1) \\ y(2) \end{bmatrix}=\begin{bmatrix} x_t \\ x'_t \end{bmatrix}$，则方程可化为

$$\begin{cases} y(1)'=y(2) \\ y(2)'-\mu(1-y^2(1))y(2)+y(1)=0 \end{cases},$$

写成矩阵形式为

$$\boldsymbol{y}'=\begin{bmatrix} y(1)' \\ y(2)' \end{bmatrix}=\begin{bmatrix} y(2) \\ \mu(1-y^2(1))y(2)-y(1) \end{bmatrix}。$$

②建立 $M$ 函数文件

```
function ydot = DyDt(t,y)
mu = 2;
ydot = [y(2);mu * (1 - y(1)^2) * y(2) - y(1)];
```

③建立 M 命令文件

```
tspan=[0,30];
y0=[1;0];
[tt,yy]=ode45('DyDt',tspan,y0);
subplot(1,2,1),
plot(tt,yy(:,1),'b--',tt,yy(:,2),'r'),title('x(t),y(t)')
legend('x(t)','y(t)')
subplot(1,2,2),plot(yy(:,1),yy(:,2))
xlabel('x'),ylabel('y'),grid on
```

④运行文件(绘出图 6.14)

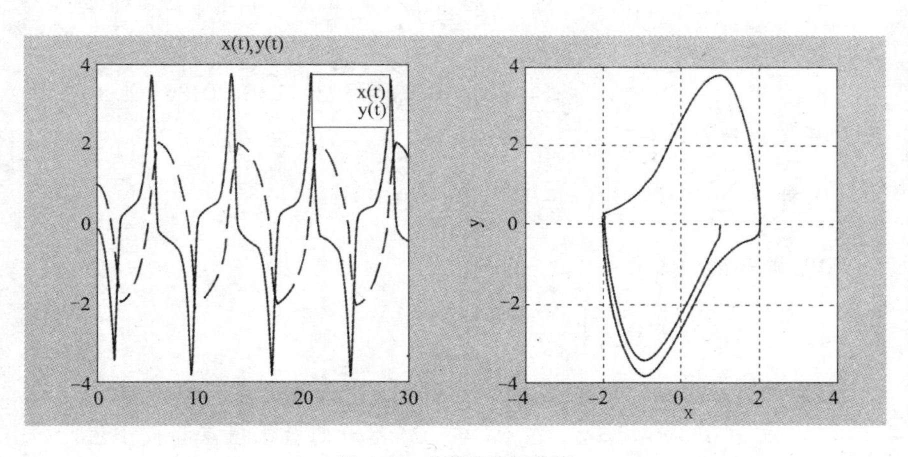


图 6.14 数值积分解曲线

## 习 题

1. 用 5 阶多项式拟合函数 $\cos(x^2)\ln(3+x)$,并利用多项式求导法求 $x=\frac{\pi}{2}$ 处的一阶与二阶导数。

2. 求 $f(x)=5.5+3e^{-x}(-4x^2+x\sin x)$ 在区间[1,6]内的最小值与在 $x=2$ 附近的零点,并画出函数的图像。

3. 求极限 $\lim\limits_{x\to 0}\left[\frac{\tan(ax^2)}{x^2+(\sin x)^3}\right]$。

4. 设 $y=\frac{(x+1)^3\sqrt{x-1}}{(x+4)^2e^x}$，求 $y'$。

5. 求定积分：$\int_{-2}^{2}(x^2+a)^{\frac{1}{2}}dx$，$\int_{-\pi}^{\pi}(\sin x\cos x)^{\frac{1}{3}}dx$。

6. 一根长 $l$ 的细线，一端固定，另一端悬挂以质量为 $m$ 的小球，在重力作用下处于竖直的平衡位置。让小球偏离平衡位置一个小的角度，小球沿圆弧摆动。不计空气阻力，小球作周期一定的简谐运动。

试用数值方法在 $\theta$ 等于10°和30°两种情况下求解(设 $l=25$ cm)，画出 $\theta(t)$ 的图形。(提示：$ml\theta''=-mg\sin\theta$)

7. 已知 $y=a\sin(bx)x/b$，请写出 $b=a$ 处变量 $b$ 的4阶麦克劳林型泰勒展开式。

8. 已知 $y=\sin(xyz)/x+y\cos(zx)$，请写出在(10,20,30)处10阶麦克劳林型泰勒展开式。

9. 计算 $\sum_{n=1}^{\infty}(3n+1)(z-1)^n$，$\sum_{n=1}^{\infty}n(-1)^nz^n$。

10. 求解微分方程 $y'=\frac{x\sin x}{\cos y}$。

11. 求解微分方程组 $\begin{cases}x'=x+3y\\y'=x+4\end{cases}$。

12. 求 $y=(x+1)e^{-x}\sin 2x$ 在 $x=z$ 附近的零点。

13. 求 $z=xy^2e^{-x}\sin y$ 在点(-2,2)附近的极小值点和极小值。

14. 求如下二阶常微分方程的初值问题的解($0<t<15$)：

$$y''+(y^2-1)y'+y=0, y(0)=0.25, y'(0)=0$$

15. 已知螺旋线 $x(t)=\sin t$，$y(t)=\cos t$，$z(t)=t$，求螺旋线的长度($t\in[0,2\pi]$)。

16. 求解微分方程 $y'''-3y''-y'y=0$，$y(0)=0$，$y'(0)=1$，$y''(0)=-1$。

17. 选择一个简单的定积分题目，利用定积分近似计算的矩形、梯形公式、辛普生公式计算之，观察二者随着节点的增多计算值与准确值的误差变化。

18. 人造地球卫星轨道可视为平面上的椭圆。我国第一颗人造地球卫星近地点距地球表面439 km，远地点距地球表面2 384 km，地球半径为6 371 km，求该卫星的轨道长度。

19. 取函数 $f(x)=x\mathrm{e}^x$ 为实验函数，用 Matlab 命令分别就 $x_0=-1$、0、2 将 $f(x)$ 按 $(x-x_0)$ 展开成 8 阶泰勒公式和求出相应的 8 次近似多项式，在区间 $[-4,4]$ 上画出这些近似多项式。这个实验能给你提供哪些思考？

20. 用 Matlab 检验调和级数：$1+1/2+1/3+\cdots+1/k+\cdots$ 是发散的。

21. 用 Matlab 检验交错级数：$1-1/2+1/3-\cdots+(-1)^{k-1}/k+\cdots$ 是收敛的。

22. 食饵甲和捕食者乙在时刻 $t$ 的数量分别记作 $x(t)$，$y(t)$，当甲独立生存时它的（相对）增长率为 $r$，即 $x'=rx$，而乙的存在使甲的增长率减小，设减小的程度与乙的数量成正比，于是 $x(t)$ 满足方程

$$x'(t)=x(r-ay)=rx-axy, \tag{1}$$

比例系数 $a$ 反映捕食者掠取食饵的能力。

设乙独自存在时死亡率为 $d$，即 $y'=-dy$，甲为乙提供食物相当于使乙的死亡率降低，并促使其增长。设这个作用与甲的数量成正比，于是 $y(t)$ 满足方程

$$y'(t)=y(-d+bx)=-dy+bxy, \tag{2}$$

比例系数 $b$ 反映食饵对捕食者的供养能力。

设食饵和捕食者的初始数量分别为

$$x(0)=x_0,y(0)=y_0。 \tag{3}$$

设 $r=1,d=0.5,a=0.1,b=0.02,x_0=25,y_0=2$，求方程(1)、(2) 在条件(3) 下的数值解，并画出 $x(t)$，$y(t)$ 的图形。

# 第7章 数据的输入与处理

## 7.1 数据的输入

在进行编程时，往往我们需要输入数据，通过对数据的处理与分析去解决实际的问题。

数据输入的方法主要有以下三种：

- 方法1：在Matlab的交互环境下直接输入。

直接输入一般用于数据量比较小的情况下，也就是在Matlab的命令窗口中直接输入等待处理的数据，输入方式同矩阵的直接输入方式。

- 方法2：利用M文件的形式输入数据。

利用M文件输入一般用于数据量较大并且不以计算机可读形式存在时，用户可以编写一个包含数据矩阵的M文件，然后通过执行M文件达到数据输入的目的。

- 方法3：利用读取数据文件的命令load读入数据。

Load命令的格式是：

load 文件名.(扩展名)

注意：所读的文件应是纯文本文件的格式。如果所读的文件是记事本，使用load文件时的格式为load *.txt。如果所读的文件是word文档，使用load文件时的格式为load *.doc。事实上，这条语句在Matlab的工作区中创建了一个与文件名相同的的变量，该变量表示的矩阵即为文件中数据组成的矩阵。

## 7.2 数据的统计分析

Matlab提供的对一组数据进行统计计算的基本函数见表7.1。

**表 7.1　基本的统计函数**

| 函数名称 | 功能简介 |
| --- | --- |
| Max(x) | 求最大值 |
| Min(x) | 求最小值 |
| Diff(x) | 计算元素之间的差 |
| Median(x) | 求中值 |
| Geomean(x) | 求几何平均值 |
| Harmmean(x) | 求调和平均值 |
| Mean(x) | 求算术平均值 |
| Std(x) | 求样本标准差 |
| Var(x) | 求样本方差 |
| Sort(x) | 对数据及进行排序 |
| Histogram(x)0 | 画出直方图或棒图 |
| Corrcoef(x) | 求相关系数 |
| Cov(x) | 求协方差矩阵 |

**例 1**　基本统计函数的使用范例。

**解**　① 编写 exam71.m 文件

```
A = rand(5,4)↙              % 产生一个 5 行 4 列的矩阵
A1MAX = max(A)↙             % 求各列中的最大值
A2MAX = max(A1MAX)↙         % 求矩阵的最大值
AMED = median(A)↙           % 求矩阵的各列元素的中值
AMEAN = mean(A)↙            % 求矩阵各列元素的平均值
ASTD = std(A)↙              % 求矩阵各列元素的标准差
```

② 运行 Matlab 命令文件 exam71.m

```
exam71↙
A =
    0.7216    0.5009    0.7365    0.9290
    0.8414    0.3304    0.4877    0.0158
    0.8213    0.2305    0.9858    0.7277
    0.5436    0.6049    0.9785    0.7338
    0.3644    0.0473    0.1423    0.0679
A1MAX =
    0.8414    0.6049    0.9858    0.9290
```

```
A2MAX =
      0.9858
AMED =
      0.7216      0.3304      0.7365      0.7277
AMEAN =
      0.6584      0.3428      0.6662      0.4948
ASTD =
      0.2023      0.2201      0.3574      0.4217
```

**例 2** 某学校随机抽取 100 名学生,测得身高(cm)、体重(kg)(见表 7.2)。
① 求这 100 名学生身高(cm)、体重(kg)的频数表和直方图;
② 求各统计量的值。

**表 7.2　100 名学生的身高与体重**

| 身高 | 体重 | 身高 | 体重 | 身高 | 体重 | 身高 | 体重 | 身高 | 体重 |
|---|---|---|---|---|---|---|---|---|---|
| 172 | 75 | 169 | 55 | 169 | 64 | 171 | 65 | 167 | 47 |
| 171 | 62 | 168 | 67 | 165 | 52 | 169 | 62 | 168 | 65 |
| 166 | 62 | 168 | 65 | 164 | 59 | 170 | 58 | 165 | 64 |
| 160 | 55 | 175 | 67 | 173 | 74 | 172 | 64 | 168 | 57 |
| 155 | 57 | 176 | 64 | 172 | 69 | 169 | 58 | 176 | 57 |
| 173 | 58 | 168 | 50 | 169 | 52 | 167 | 72 | 170 | 57 |
| 166 | 55 | 161 | 49 | 173 | 57 | 175 | 76 | 158 | 51 |
| 170 | 63 | 169 | 63 | 173 | 61 | 164 | 59 | 165 | 62 |
| 167 | 53 | 171 | 61 | 166 | 70 | 166 | 63 | 172 | 53 |
| 173 | 60 | 178 | 64 | 163 | 57 | 169 | 54 | 169 | 66 |
| 178 | 60 | 177 | 66 | 170 | 56 | 167 | 54 | 169 | 58 |
| 173 | 73 | 170 | 58 | 160 | 65 | 179 | 62 | 172 | 50 |
| 163 | 47 | 173 | 67 | 165 | 58 | 176 | 63 | 162 | 52 |
| 165 | 66 | 172 | 59 | 177 | 66 | 182 | 69 | 175 | 75 |
| 170 | 60 | 170 | 62 | 169 | 63 | 186 | 77 | 174 | 66 |
| 163 | 50 | 172 | 59 | 176 | 60 | 166 | 76 | 167 | 63 |
| 172 | 57 | 177 | 58 | 177 | 67 | 169 | 72 | 166 | 50 |
| 182 | 63 | 176 | 68 | 172 | 56 | 173 | 59 | 174 | 64 |
| 171 | 59 | 175 | 68 | 165 | 56 | 169 | 65 | 168 | 62 |
| 177 | 64 | 184 | 70 | 166 | 49 | 171 | 71 | 170 | 59 |

**解**　① 数据输入

方法 1:在 Matlab 的交互环境下直接输入;

方法 2:读入数据文件 load s1.txt,s1 为 100 × 2 的矩阵,第一列为身高,第一列为体重。

② 用 hist 命令作频数表和直方图(区间个数为 10,可省略)

[N,X] = hist(s1(:,1),10) 100 名学生身高的频数表;

[N,X] = hist(s1(:,2),10) 100 名学生体重的频数表;

hist(s1(:,1),10) 100 名学生身高的直方图;

hist(s1(:,2),10) 100 名学生体重的直方图;

Matleb 命令:

```
load s1.txt ↙        % 利用第二种方法输入数据
% 列出身高的频数表
disp('显示身高的频数表:'),[N,X] = hist(s1(:,1),10)↙
```

运行结果如下:

```
显示身高的频数表:
N =
   2    3    6    18    26    22    11    8    2    2
X =
   Columns 1 through 7
   156.5500   159.6500   162.7500   165.8500   168.9500
172.0500   175.1500
   Columns 8 through 10
   178.2500   181.3500   184.4500
% 列出体重的频数表
disp('显示体重的频数表:'),[N,X] = hist(s1(:,2),10) ↙
显示体重的频数表:
N =
     8    6    8    21    13    19    11    5    4    5
X =
     Columns 1 through 7
     48.5000   51.5000   54.5000   57.5000   60.5000   63.5000
```

66.5000

Columns 8 through 10

69.5000 72.5000 75.5000

% 下面把图形窗口分为两个子图,分别画身高与体重的直方图

subplot(1,2,1), hist(s1(:,1),10) , title(' 身高的直方图 ')↙

subplot(1,2,2), hist(s1(:,2),10), title(' 体重的直方图 ') ↙

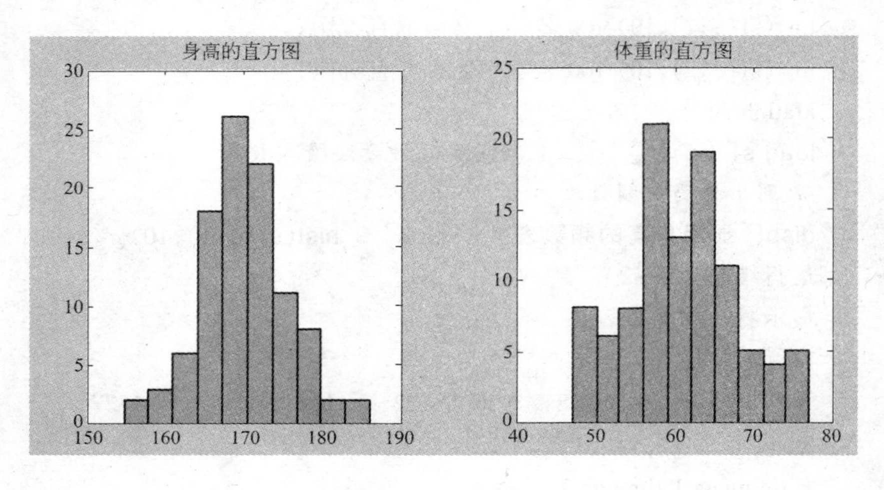


图 7.1 身高与体重的直方图

③ 计算各统计量

load s1.txt↙

a = s1(:,1);b = s1(:,2);↙

a1 = min(a);a2 = max(a);a3 = mean(a);a4 = std(a);

disp([' 身 高 ',blanks(5),' 最 小 值 ',blanks(5),' 最 大 值 ', blanks(5),' 平均值 ',blanks(5),' 极差 ']), disp([a1,a2,a3,a4])↙

运行结果如下:

| 身高 | 最小值 | 最大值 | 平均值 | 标准差 |
|---|---|---|---|---|
| | 155.0000 | 186.0000 | 170.2500 | 5.4018 |

分析:从运行结果中我们可以看到身高的最大值为 186 cm,最小值为 155 cm,平均值为 170.25 cm,标准差为 5.4018 cm.

```
b1 = min(b);b2 = max(b);b3 = mean(b);b4 = std(b);
disp(['体 重 ',blanks(5),'最 小 值 ',blanks(5),'最 大 值 ',
blanks(5),'平均值 ',blanks(5),'标准差 ']),disp([b1,b2,b3,b4])↙
```

运行结果如下：

| 体重 | 最小值 | 最大值 | 平均值 | 标准差 |
|---|---|---|---|---|
| | 47.0000 | 77.0000 | 61.2700 | 6.8929 |

分析：从运行结果中我们可以看到体重的最大值为 77 kg，最小值为 47 kg，平均值为 61.27 kg，标准差为 6.8929 kg。

## 7.3　曲线的拟合

本节所讲的曲线拟合主要以多项式拟合为主，在本书第 4 章已经略作介绍，以下再作详细介绍。

### 7.3.1　多项式拟合

• 多项式拟合的命令格式：[p,s] = polyfit(x,y,n)

功能：对于已知的数据组 x、y 进行多项式拟合，拟合的多项式的阶数是 n，其中 p 为多项式的系数矩阵，s 为预测误差估计值的矩阵。

**例 1**　x 取 0 至 1 之间的数，间隔为 0.1；y 为 2.3, 2.5,2.1, 2.5, 3.2, 3.6, 3.0,3.1, 4.1,5.1,3.8。分别用二次、三次和七次拟合曲线来拟合这组数据，观察这三组拟合曲线哪个效果更好？

**解**　① 建立 Matlab 命令文件 exam72

```
clf
x = 0:.1:1;y = [2.3,2.5,2.1,2.5,3.2,3.6,3.0,3.1,4.1,5.1,3.8];
p2 = polyfit(x,y,2);p3 = polyfit(x,y,3);p7 = polyfit(x,y,7);
disp('二次拟合曲线'),poly2str(p2,'x')
disp('三次拟合曲线'),poly2str(p3,'x')
disp('七次拟合曲线'),poly2str(p7,'x')
x1 = 0:.01:1;
y2 = polyval(p2,x1);y3 = polyval(p3,x1);y7 = polyval(p7,x1);
plot(x,y,'rp',x1,y2,'--',x1,y3,'k-.',x1,y7)
```

```
legend('拟合点','二次拟合','三次拟合','七次拟合')
```

② 运行 Matlab 命令文件(绘出图 7.2)

```
exam72↙
二次拟合曲线
ans =
  0.64103 x^2 + 1.6226 x + 2.1734
三次拟合曲线
ans =
  - 4.9728 x^3 + 8.1002 x^2 - 1.2218 x + 2.3524
七次拟合曲线
ans =
  1056.2558x^7 - 4598.0392x^6 + 7609.4771x^5 - 6077.9223x^4
  + 2424.1142 x^3 - 439.9012 x^2 + 27.5161 x + 2.2942
```

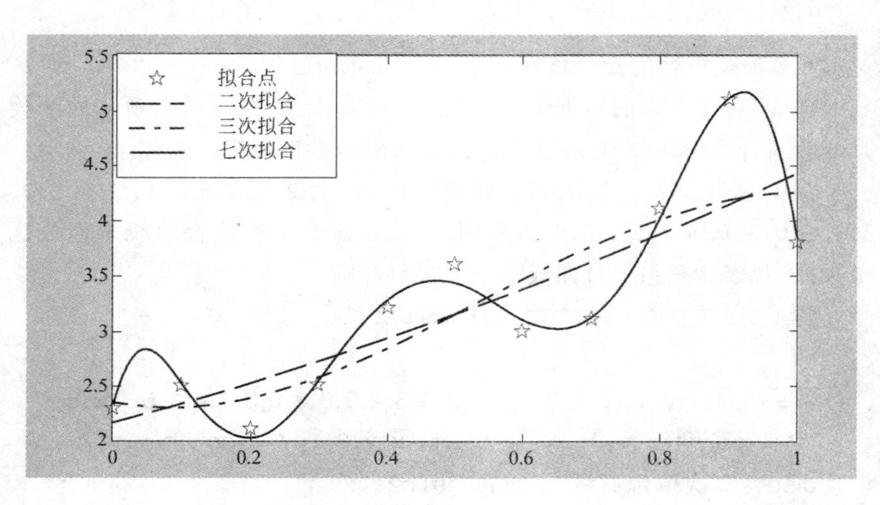


图 7.2　拟合数据点及其拟合曲线

分析:从图形上可以看到,此题阶数越高拟合程度越好。

**例 2**　已知在某实验中测的某质点的位移和速度随时间的变化如下,求质点的速度与位移随时间的变化曲线以及位移随速度的变化曲线:

t = [0 0.5 1.0 1.5 2.0 2.5 3.0]

v = [0　0.4794　0.8415　0.9975　0.9093　0.5985　0.1411]

s = [1　1.5　2　2.5　3　3.5　4]

**解**　① 建立 M 命令文件 exam73.m

```
clf
t = 0:.5:3;
s = 1:.5:4;
v =[0  0.4794  0.8415  0.9975  0.9093  0.5985  0.1411];
p1 = polyfit(t,s,8);p2 = polyfit(t,v,8);
tt = 0:.1:3;
s1 = polyval(p1,tt);v1 = polyval(p2,tt);
plot(tt,s1,'r-.',tt,v1,'b',t,s,'p',t,v,'d')
xlabel('t'),ylabel('x(t),y(t)')
legend('位移曲线','速度曲线','位移点','速度点')
```

② 运行命令文件 exam73.m

```
exam73↙                          % 绘出图形,见图 7.3
```

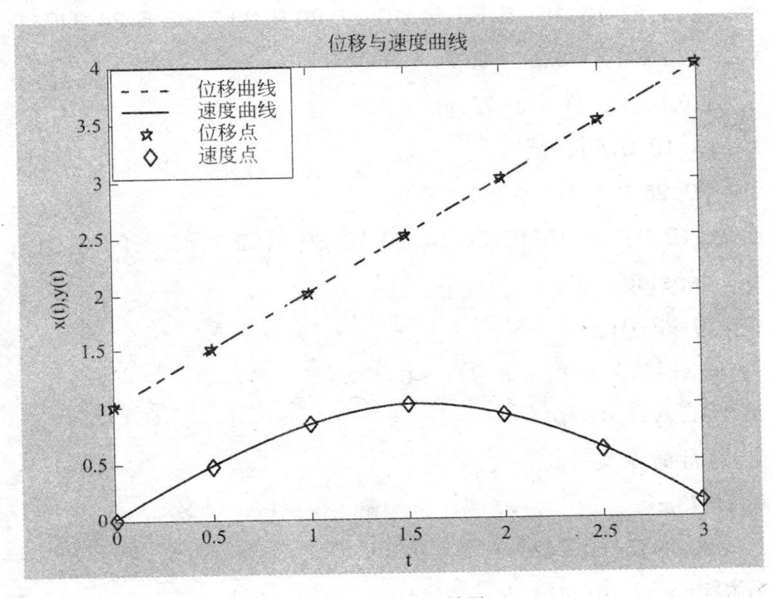


图 7.3　例 4 的结果

### 7.3.2　非线性最小二乘拟合

- 命令形式:leastsq('f',x0)

功能:做非线性最小二乘拟合,其中 f 是 M 函数文件。

**例 3**　用表 7.3 中的一组数据拟合 $c(t) = re^{(-kt)}$ 中系数 $r,k$,并画出图像(见图 7.4)。

**表 7.3　例 3 的数据**

| $t$ | 0.25 | 0.5 | 1 | 1.5 | 2 | 3 | 4 | 6 | 8 |
|---|---|---|---|---|---|---|---|---|---|
| $c$ | 19.21 | 18.15 | 15.36 | 14.10 | 12.98 | 9.32 | 7.45 | 5.24 | 3.01 |

**解**　令 $x(1) = r, x(2) = k$。

① 建立函数文件 ct.m

```
function y = ct(x)
t = [0.25 0.5 1 1.5 2 3 4 6 8];
c = [19.21 18.15 15.36 14.10 12.89 9.32 7.45 5.24 3.01];
y = c - x(1) * exp( - x(2) * t)
```

② 建立命令文件 exam73.m

```
x0 = [10,0.5];
t = [0.25 0.5 1 1.5 2 3 4 6 8];
c = [19.21 18.15 15.36 14.10 12.89 9.32 7.45 5.24 3.01];
x = leastsq('ct',x0)
tt = 0:.2:8;
yy = x(1). * exp( - x(2). * tt);
plot(tt,yy,t,c,'rp')
```

③ 运行命令文件

```
exam73↙
x = 20.2413   0.2420
```

分析得 $r = 20.2413, k = 0.2410$。

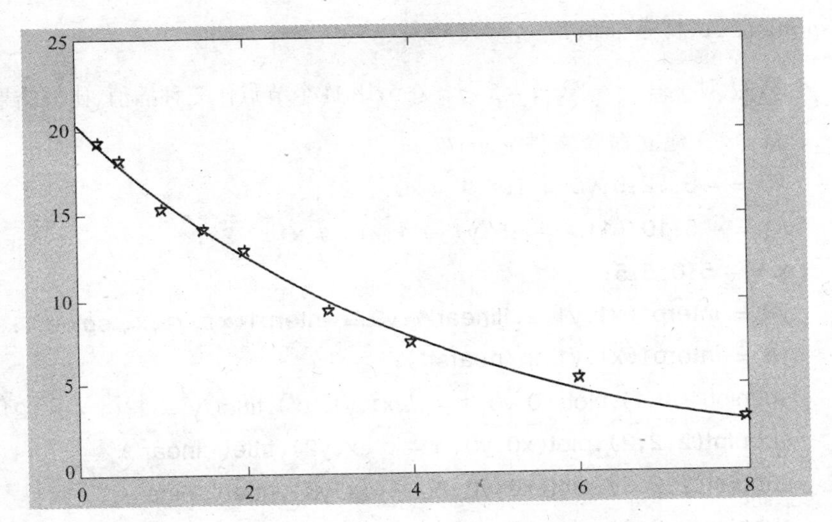


图 7.4　函数 $c(t) = 20.2413e^{-0.2410t}$ 的图像

## 7.4 函数插值

插值法由实验或测量的方法得到所求函数 $y = f(x)$ 在互异点 $x_0, x_1, \cdots, x_n$ 处的值 $y_0, y_1, \cdots, y_n$，构造一个简单函数 $\varphi(x)$ 作为函数 $y = f(x)$ 的近似表达式：$y = f(x) \approx \varphi(x)$，使 $\varphi(x_0) = y_0, \varphi(x_1) = y_1, \cdots, \varphi(x_n) = y_n$，$\varphi(x)$ 称为插值函数，它常取为多项式或分段多项式。与曲线拟合函数不同的是插值函数 $\varphi(x)$ 满足条件 $\varphi(x_0) = y_0, \varphi(x_1) = y_1, \cdots, \varphi(x_n) = y_n$。

### 7.4.1 一维插值

一维插值的命令格式为：

Y1 = interp1(x,y,X1,'method')

功能：根据已知的数据(x,y)，用 method 方法进行插值，然后计算 X1 对应的函数值 Y1.

说明：x,y 是已知的数据向量，其中 x 应以升序或降序来排；X1 是插值点的自变量坐标向量；'method' 是用来选择插值算法的，它可以取：'linear'(线性插值)、'cubic'(三次多项式插值)、'nearst'(最临近插值)、

'spline'(三次样条插值)。

**例 1** 对 $y = \dfrac{1}{(1 + x^2)}$, $-5 \leqslant x \leqslant 5$,用 11 个节点作三种插值,比较结果。

**解** ① 建立命令文件 exam75.m

```
x0 = - 5:.2:5;y0 = 1./(1 + x0.^ 2);
x1 = - 5:10/(11 - 1):5;y1 = 1./(1 + x1.^ 2);
x = - 5:0.5:5;
y2 = interp1(x1,y1,x,'linear');y3 = interp1(x1,y1,x,'spine');
y4 = interp1(x1,y1,x,'nearst');
subplot(2,2,1),plot(x0,y0,'r - .',x1,y1,'p'),title('y = 1/(1 + x^ 2)')
subplot(2,2,2),plot(x0,y0,'r - .',x,y2),title('linear')
subplot(2,2,3),plot(x0,y0,'r - .',x,y3),title('spine')
subplot(2,2,4),plot(x0,y0,'r - .',x,y4),title('nearst'),axis([ - 5
5 - 0.4 1.6])
```

② 运行命令文件

```
exam75↙                % 绘出图形,见图 7.5
```

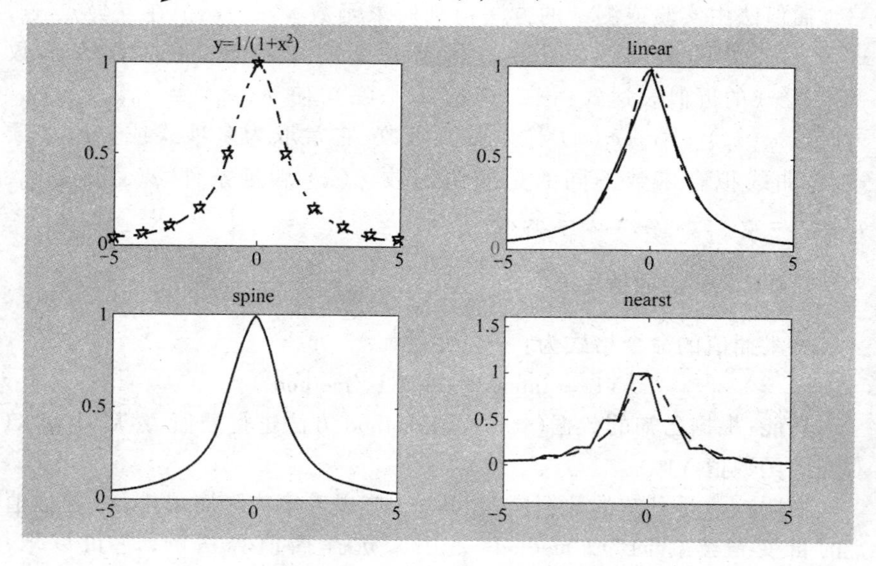


图 7.5　插值节点与不同的插值所得的插值曲线

### 7.4.2　二维插值

二维插值的命令格式为：

Z1 = interp2(x,y,z,X1,Y1,'method')

功能：根据已知的数据(x,y,z)，用 method 方法进行插值，然后计算(X1,Y1)，对应的函数值 Z1。

说明：x,y 是已知的原始数据，z 是函数值；X1,Y1 是插值点的自变量坐标向量；'method' 是用来选择插值算法的，它可以取：'linear'(双线性插值)、'cubic'(三次插值)、'nearst'(最近插值)。

**例 2**　利用二维插值对 peak 函数进行插值。

**解**　Matlab 命令文件为

```
[x,y] = meshgrid(-3:.25:3);↙
z = peaks(x,y);↙
[x1,y1] = meshgrid(-3:.125:3);↙
z1 = interp2(x,y,z,x1,y1);↙
mesh(x1,y1,z1)↙                    % 绘出图形，见图 7.6
```

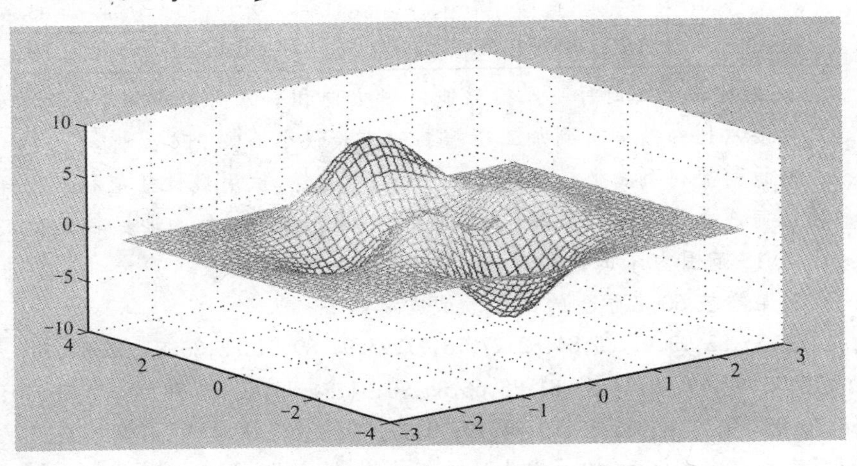


图 7.6　二维插值函数对 peak 函数进行插值

## 习　　题

1.已知数据 $x=[1.2,1.4,1.8,2.1,2.4,2.6,3.0,3.3]$，$y=[4.85,5.2,5.6,6.2,6.5,7.0,7.5,8.0]$，求对 $x$ 与 $y$ 进行一次、二次拟合的拟合系数。

2.分别用2、3、4、6阶多项式拟合函数 $y=\cos x$，并做出拟合曲线与函数曲线 $y=\cos x$ 进行比较。

3.已知 $x=[0.1\ ,0.8,1.3,1.9,2.5,3.1]$，$y=[1.2,1.6,2.7,2.0,1.3,0.5]$，用不同的方法求 $x=2$ 处的插值，并分析结果有何不同。

4.利用以下数据拟合直线 $y=ax+b$：

$x=$　67　54　72　64　39　22　58　43　46　34

$y=$　24　15　23　19　16　11　20　16　17　13

5.有一只对温度敏感的电阻，已知测得了一组温度 $t$ 和电阻 $R$ 的数据：

| $t$(℃) | 20.5 | 32.7 | 51.0 | 73.0 | 95.7 |
|---|---|---|---|---|---|
| $r$(Ω) | 765 | 826 | 873 | 942 | 1 032 |

现用拟合的方法求 $t=60$℃ 的电阻。

6.待加工零件的外形根据工艺要求由一组数据$(x,y)$给出：

| $x$ | 0 | 3 | 5 | 7 | 9 | 11 | 12 | 13 | 14 | 15 |
|---|---|---|---|---|---|---|---|---|---|---|
| $y$ | 0 | 1.2 | 1.7 | 2.0 | 2.1 | 2.0 | 1.8 | 1.2 | 1.0 | 1.6 |

用数控床加工时每一小刀只能沿 $x$ 方向和 $y$ 方向走非常小的一步，这就需要从已知数据得到加工所需要的步长很小的$(x,y)$坐标。

假设需要得到 $x$ 坐标每改变0.1时的 $y$ 坐标。试用线性插值和三次样条插值完成加工所需的数据，画出曲线，并求出 $x=0$ 处的曲线斜率和 $13\leqslant x\leqslant 15$ 范围内 $y$ 的最小值。

7.某学校60名学生的某次考试成绩如下：

93,75,83,93,91,85,84,82,77,76,77,95,94,89,91,88,86,83,96,81,79,97,78,75,67,69,68,84,83,81,75,66,85,70,94,84,83,82,80,78,74,73,76,70,86,76,90,89,71,66,86,73,80,84,79,78,77,63,53,55，求这60名学生成绩的频数表和直方图(6和10个分点)，计算均值、标准差、方差和极差。

# 第 8 章　概率统计运算

## 8.1　随 机 试 验

古典概率:事件 $A$ 发生的概率 $p(A)=\frac{m}{n}=\frac{A\text{ 中包含的基本事件数}}{\text{基本事件总数}}$。

**例 1**　在100个人的团体中,如果不考虑年龄的差异,研究是否有两个以上的人生日相同。假设每人的生日在一年 365 天中的任意一天是等可能的,那么随机找 $n$ 个人(不超过 365 人)。

(1) 求这 $n$ 个人生日各不相同的概率是多少?从而求这 $n$ 个人中至少有两个人生日相同这一随机事件发生的概率是多少?

(2) 近似计算在 30 名学生的一个班中至少有两个人生日相同的概率是多少?

**解**　① 建立 M 命令文件:

```
for n = 1:100
    p0(n) = prod(365: - 1:365 - n + 1)/365^ n;
    p1(n) = 1 - p0(n);
  end
n = 1:100
plot(n,p0,n,p1,'--')
xlabel('人数'),ylabel('概率')
legend('生日各不相同的概率','至少两人生日相同的概率')
axis([0 100 - 0.1 1.1]),grid on
```

运行 M 命令文件,绘出概率统计图,如图 8.1 所示。

② 输入 Matlab 命令:

```
p1(30)↙
ans =
    0.7063
```

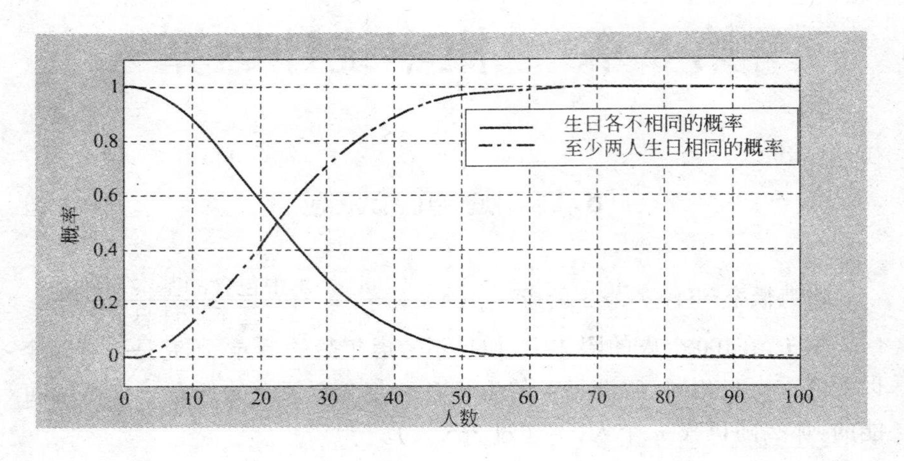


图 8.1　例 1 的概率统计

分析：在 30 名学生中至少两人生日相同的概率为 70.63%。下面进行计算机仿真。

③ 随机产生 30 个正整数，代表一个班 30 名同学的生日，然后观察是否有两人以上生日相同。当 30 个人中有两人生日相同时，输出“1”，否则输出“0”。如此重复观察 100 次，计算出这一事件发生的频率为 $f_{100}$ 多少。建立 M 命令文件：

```
n = 0;
for m = 1:100                        % 做 100 次随机试验
    y = 0;
x = 1 + fix(365 * rand(1,30));% 产生 30 个随机数
    for i = 1:29                     %用二重循环寻找30个随机数中是否
                                       有相同数
      for j = i + 1:30
        if x(i) = = x(j)
```

```
            y = 1;break,
          end
        end
      end
      n = n + y;                    % 累计有两人生日相同的试验次数
  end
  f = n/m                           % 计算频率
```

运行 M 命令文件可得：

```
f =
    0.6900
```

分析：利用计算机仿真得到在 30 名学生中至少两人生日相同的概率为 69%。

## 8.2　概率分布与概率密度函数

### 8.2.1　数学概念

(1) 分布函数 $F(x)=P\{X\leqslant x\}=\int_{-\infty}^{x}f(x)\mathrm{d}x$，其中 $f(x)$ 为随机变量 $X$ 的概率密度函数；对给定的 $\alpha\in(0,1)$，使某分布函数 $F(x)=\alpha$ 的 $\alpha$ 称为此分布的 $\alpha$ 分位数，记为 $x_\alpha$。

(2) 几个重要的概率分布：正态分布 $N(0,1)$，$\chi^2$ 分布 $\chi^2(n)$，$t$ 分布 $t(n)$，$F$ 分布 $F(n_1,n_2)$。

(3) 正态总体统计量的分布：

① 设总体 $X\sim N(\mu,\sigma^2)$，$x=(x_1,x_2,\cdots,x_n)$ 为一样本，则

$$\bar{x}\sim N\left(\mu,\frac{\sigma^2}{n}\right),\frac{\bar{x}-\mu}{\frac{\sigma}{\sqrt{n}}}\sim N(0,1),\frac{\bar{x}-\mu}{\frac{s}{\sqrt{n}}}\sim t(n-1),\frac{(n-1)s^2}{\sigma^2}\sim\chi^2(n-1)$$

② 设两个总体 $X\sim N(\mu_1,\sigma_1^2)$，$Y\sim N(\mu_2,\sigma_2^2)$，由容量为 $n_1,n_2$ 的两个样本确定均值 $\bar{x},\bar{y}$ 和方差 $s_1^2,s_2^2$，则

$$\frac{(\bar{x}-\mu_1)-(\bar{y}-\mu_2)}{\sqrt{\frac{\sigma_1^2}{n_1}+\frac{\sigma_2^2}{n_2}}} \sim N(0,1),$$

$$\frac{(\bar{x}-\mu_1)-(\bar{y}-\mu_2)}{\sqrt{\frac{s^2}{n_1}+\frac{s^2}{n_2}}} \sim t(n_1+n_2-1),$$

$$\frac{s_1^2/\sigma_1^2}{s_2^2/\sigma_2^2} \sim F(n_1-1,n_2-1)$$

$$\left(\sigma_1=\sigma_2\text{但未知},s^2=\frac{(n_1-1)s_1^2+(n_2-1)s_2^2}{n_1+n_2-2}\right)。$$

### 8.2.2　重要的概率分布

Matlab中的几种常用分布的命令为:正态分布norm,$\chi^2$分布chi2,$t$分布t,$F$分布f。每一种分布有五类函数:密度函数pdf,分布函数cdf,逆概率分布inv,均值与方差stst,随机数生成rnd。

当需要一种分布的某一类函数时,将分布命令字符串和函数字符串接起来,并输入自变量(可以是数、数组或矩阵)和参数即可。如:

y = normpdf(x,mu,sigma) 表示均值 $\mu$ = mu、标准差 $\sigma$ = sigma 的正态分布在x的密度函数 $y=f(x)$;

y = normpdf(x) 表示均值 $\mu=0$、标准差 $\sigma=1$ 的标准正态分布在x的密度函数 $y=f(x)$;

y = tcdf(x,n) 表示 $t$ 分布(自由度n) 在x的分布函数 $y=F(x)$;

x = chi2inv(p,n) 表示 $\chi^2$ 分布(自由度n) 使分布函数 $F(x)=p$ 的x(即p分位数);

[m,v] = fstat(n1,n2) 表示返回 $F$ 分布(自由度n1,n2)的均值m和方差v。

**例1**　画出几种常用分布的分布函数曲线和概率密度函数曲线。

**解**　① 正态分布的分布函数曲线和概率密度函数曲线

```
% 编写 ex634.m 文件
x = - 6:0.01:6;↙
y1 = normpdf(x);↙
z1 = normcdf(x);↙
y2 = normpdf(x,0,2);↙
z2 = normcdf(x,0,2);↙
subplot(1,2,1),plot(x,y1,x,y2);↙
subplot(1,2,2),plot(x,z1,x,z2);↙
gtext('N(0,1)');↙
gtext('N(0,2^ 2)');↙
```

结果如图 8.2 所示。

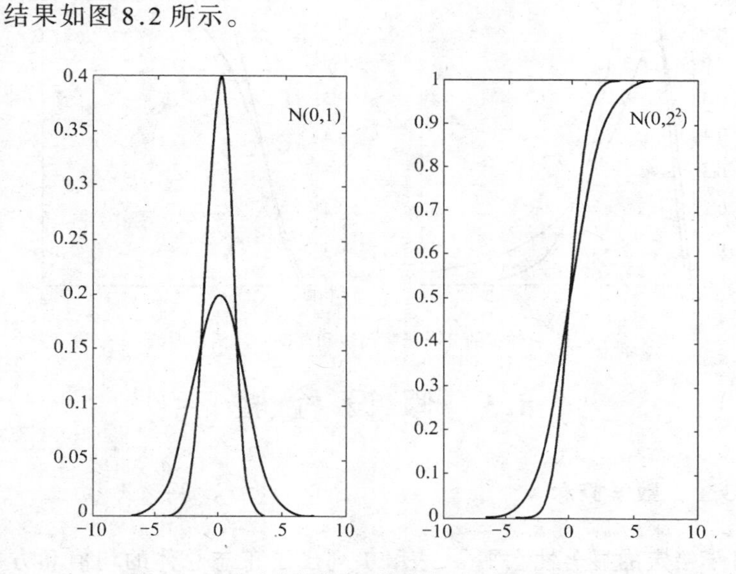


图 8.2　正态分布的分布函数曲线和概率密度函数曲线

②*F* 分布的分布函数曲线和概率密度函数曲线

```
% 编写 ex635.m 文件
x = 0:0.01:4;↙
y1 = fpdf(x,10,50);↙
z1 = fcdf(x,10,50);↙
```

```
y2 = fpdf(x,10,5);↙
z2 = fcdf(x,10,5);↙
plot(x,y1,x,y2);↙
plot(x,z1,x,z2);↙
gtext('F(10,50)');↙
gtext('F(10,5)');↙
```

结果如图 8.3 所示。

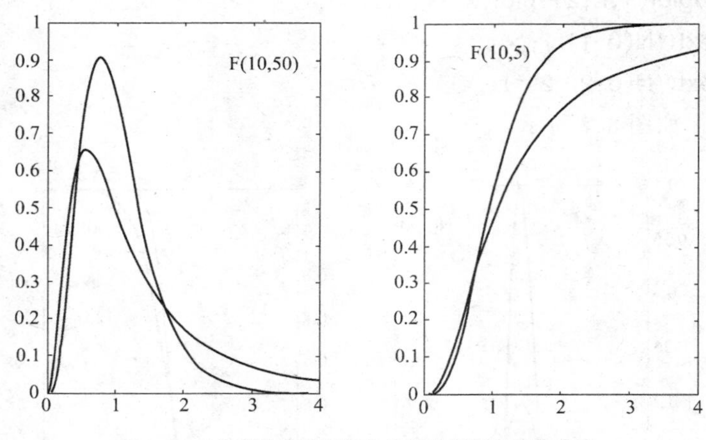


图 8.3　F 分布的分布函数曲线和概率密度函数曲线

# 8.3　假设检验

## 8.3.1　数学概念

对于给定的显著性水平 $\alpha$，表 8.1 列出了正态总体的均值和方差的各种假设检验问题的检验方法。

**表 8.1　正态总体的均值和方差假设与检验**

| 原假设 | 检验统计量及其分布 | 备择假设 $H_1$ | 否定域 $W$ |
|---|---|---|---|
| $\mu=\mu_0$ ($\sigma^2$ 已知) | $Z=\dfrac{\overline{x}-\mu_0}{\dfrac{\sigma}{\sqrt{n}}}\sim N(0,1)$ | $\mu>\mu_0$ | $Z\geqslant z_\alpha$ |
| | | $\mu<\mu_0$ | $Z\leqslant -z_\alpha$ |
| | | $\mu\neq\mu_0$ | $\vert Z\vert\geqslant z_{\alpha/2}$ |

续上表

| 原假设 | 检验统计量及其分布 | 备择假设 $H_1$ | 否定域 $W$ |
|---|---|---|---|
| $\mu=\mu_0$ ($\sigma^2$ 未知) | $t=\dfrac{\overline{x}-\mu_0}{\dfrac{s}{\sqrt{n}}}\sim t(n-1)$ | $\mu>\mu_0$ | $t\geqslant t_\alpha(n-1)$ |
| | | $\mu<\mu_0$ | $t\leqslant t_\alpha(n-1)$ |
| | | $\mu\neq\mu_0$ | $\mid t\mid\geqslant -t_{\alpha/2}(n-1)$ |
| $\mu_1-\mu_2=\delta$ ($\sigma_1^2,\sigma_2^2$ 已知) | $Z=\dfrac{(\overline{x}-\overline{y})-\delta}{\sqrt{\dfrac{\sigma_1^2}{n_1}+\dfrac{\sigma_2^2}{n_2}}}\sim N(0,1)$ | $\mu_1-\mu_2>\delta$ | $Z\geqslant z_\alpha$ |
| | | $\mu_1-\mu_2<\delta$ | $Z\leqslant -z_\alpha$ |
| | | $\mu_1-\mu_2\neq\delta$ | $\mid Z\mid\geqslant z_{\alpha/2}$ |
| $\mu_1-\mu_2=\delta$ ($\sigma_1^2=\sigma_2^2=\sigma^2$ 未知) | $t=\dfrac{(\overline{x}-\overline{y})-\delta}{s_{\bar{\omega}}\sqrt{\dfrac{1}{n_1}+\dfrac{1}{n_2}}}\sim t(n_1+n_2-2)$ | $\mu_1-\mu_2>\delta$ | $t\geqslant t_\alpha(n_1+n_2-2)$ |
| | | $\mu_1-\mu_2<\delta$ | $t\leqslant -t_\alpha(n_1+n_2-2)$ |
| | $s_\omega^2=\dfrac{(n_1-1)s_1^2+(n_2-1)s_2^2}{n_1+n_2-2}$ | $\mu_1-\mu_2\neq\delta$ | $\mid t\mid\geqslant t_{\alpha/2}(n_1+n_2-2)$ |
| $\sigma^2=\sigma_0^2$ ($\mu$ 未知) | $\chi^2=\dfrac{(n-1)s^2}{\sigma_0^2}\sim\chi^2(n-1)$ | $\sigma^2>\sigma_0^2$ | $\chi^2\geqslant{\chi_\alpha}^2(n-1)$ |
| | | $\sigma^2<\sigma_0^2$ | $\chi^2\leqslant{\chi_{1-\alpha}}^2(n-1)$ |
| | | $\sigma^2\neq\sigma_0^2$ | $\chi^2\geqslant{\chi_{\alpha/2}}^2(n-1)$ 或 $\chi^2\leqslant{\chi_{1-\alpha/2}}^2(n-1)$ |
| $\sigma_1^2=\sigma_2^2$ ($\mu_1,\mu_2$ 未知) | $F=\dfrac{s_1^2}{s_2^2}\sim F(n_1-1,n_2-1)$ | $\sigma_1^2>\sigma_2^2$ | $F\geqslant F_\alpha(n_1-1,n_2-1)$ |
| | | $\sigma_1^2<\sigma_2^2$ | $F\leqslant F_\alpha(n_1-1,n_2-1)$ |
| | | $\alpha_1^2\neq\alpha_2^2$ | $F\geqslant F_{\alpha/2}(n_1-1,n_2-1)$ 或 $F\leqslant F_{1-\alpha/2}(n_1-1,n_2-1)$ |

### 8.3.2　相关的 Matlab 命令

(1)一个正态总体,方差 $\sigma^2$ 已知时,均值 $\mu$ 的检验,用 $Z$ 检验法,命令为:

```
[h,p,ci] = ztest(x,mu,sigma,alpha,tail)
```

其中输入参数 x 是样本,mu 是 $H_0$ 中的 $\mu_0$,sigma 是总体标准差 $\sigma$,alpha 是显著性水平 $\alpha$(缺省时为0.05),tail 是备择假设 $H_1$ 的选择($H_1$ 为 $\mu>\mu_0$ 时 tail = 1, $H_1$ 为 $\mu<\mu_0$ 时 tail = -1, $H_1$ 为 $\mu\neq\mu_0$ 时 tail = 0(可缺省));输出参数 h = 0 表示接受 $H_0$,h = 1 表示拒绝 $H_0$,p 表示在假设 $H_0$ 下样本均值出现的概率,ci 是 $\mu_0$ 的置信区间。

(2)一个正态总体,方差 $\sigma^2$ 未知时,均值 $\mu$ 的检验,用 $t$ 检验法,命令为:

$$[h,p,ci] = ttest(x,mu,alpha,tail)$$

与上面的 ztest 相比,除了不须输入总体标准差 $\sigma$ 外,其余全部一样。

两个正态总体,方差 $\sigma_1^2,\sigma_2^2$ 未知时,均值 $\mu_1 = \mu_2$ 的检验,用 $t$ 检验法,命令为:

$$[h,p,ci] = ttest2(x,y,alpha,tail)$$

与上面的 ttest 相比,不同之处在于输入的是两个样本(长度不一定相同),其余全部一样。

**例 1** 某学校随机抽取 100 名学生,测得身高、体重(见第 7 章表 7.2);学校 10 年前作过普查,平均身高为 167.5 cm,平均体重为 60.2 kg,试根据这次调查的结果,对学生的平均身高和体重有无明显变化作出结论。

**解** ①数据输入

方法 1:在 Matlab 的交互环境下直接输入。

方法 2:读入数据文件 load s1.txt,s1 为 100×2 的矩阵,第一列为身高,第二列为体重。

②用 hist 命令作频数表和直方图(区间个数为 10,可省略)

[N,X] = hist(s1(:,1),10) 100 名学生身高的频数表;

[N,X] = hist(s1(:,2),10) 100 名学生体重的频数表;

hist(s1(:,1),10) 100 名学生身高的直方图;

hist(s1(:,2),10) 100 名学生体重的直方图;

频数表如下:

| 区间 | 1 | 2 | 3 | 4 | 5 | 6 | 7 | 8 | 9 | 10 |
|---|---|---|---|---|---|---|---|---|---|---|
| 身高频数 N | 2 | 3 | 6 | 18 | 26 | 22 | 11 | 8 | 2 | 2 |
| 身高中点 X | 156.55 | 159.65 | 162.75 | 165.85 | 168.95 | 172.05 | 175.15 | 178.25 | 181.35 | 184.45 |
| 体重频数 N | 8 | 6 | 8 | 21 | 13 | 19 | 11 | 5 | 4 | 5 |
| 体重中点 X | 48.50 | 51.50 | 54.50 | 57.50 | 60.50 | 63.50 | 66.50 | 69.50 | 72.50 | 75.50 |

```
[h,p,ci]=ttest(s1(:,1),167.5,0.05,0)↙
[h,p,ci]=ttest(s1(:,2),60.2,0.05,0)↙
```

运行结果如下：

| | 是否接受 $H_0$ | $H_0$ 下样本均值出现的概率 $p$ | 置信区间 |
|---|---|---|---|
| 身高 | h=1,拒绝 | 1.7003e-006 | [169.1782 ,171.3218] |
| 体重 | h=0,接受 | 0.1238 | [59.9023 , 62.6377] |

## 习　题

1.某人在射击中射中的概率为 $p$。若射击直到中靶为止，令射击次数为 $k$。

求：(1) $P(X=k)$；

(2)画出 $k=0,1,\cdots,20$ 的概率曲线图($p=0.5,0.2,0.8$)；

(3)$E(X)$；

(4)使 $P(X=k)$最大的 $k$(以不同的 $p$ 验证)。

2.分别画出 $\chi^2(5)$，$\chi^2(10)$，$t(20)$，$t(2)$，$N(1,9)$的分布密度函数曲线和概率密度函数曲线，计算标准正态分布的临界值 $\lambda_1,\lambda_2$，使 $P(\lambda_1<X<\lambda_2)=\alpha(\alpha=0.05)$。

3.调查了339名50岁以上人群中吸烟习惯与患慢性气管炎的关系后，得下表：

| 是否患病＼是否吸烟 | 吸烟 | 不吸烟 | 总和 |
|---|---|---|---|
| 患慢性气管炎 | 43 | 13 | 56 |
| 未患慢性气管炎 | 162 | 121 | 283 |
| 总和 | 205 | 134 | 339 |
| 患病率 | 21.0% | 9.7% | 16.5% |

问吸烟习惯与慢性气管炎是否有关。

4.据说某地汽油的价格是每加仑115美分,为了验证这种说法,一位学者开车随机选择了一些加油站,得到如下数据:

1月 119,117,115,116,112,121,115,122,116,118,109,112,119,112,117,113,114,109,109,118

2月 118,119,115,122,118,121,120,122,128,116,120,123,121,119,117,119,128,126,118,125

(1)分别用两个月的数据验证这种说法的可靠性;

(2)分别给出1月和2月汽油价格的置信区间($\alpha=0.05$);

(3)如何给出1月和2月汽油价格差的置信区间($\alpha=0.05$)?

# 第9章　求解线性规划问题

在一些实际问题中，经常遇到需要知道某个已知函数(带有条件约束或不带条件约束)在哪些点取得极大值或极小值的问题,所考虑的已知函数常称为目标函数，Matlab中提供了求目标函数的局部极小值命令和线性规划(即带有线性条件约束的线性目标函数在约束范围内的极小值和极大值)命令。

## 9.1　求解非线性规划

### 9.1.1　无约束优化

- 命令形式1:X = fminu('f', X0)

功能:从点X0开始求函数f的极小值点X。其中f是M函数文件名,X, X0∈$\mathbf{R}^n$。

- 命令形式2:X = fminu('f ', X0, opt)

功能:从点X0开始求函数f的极小值点X。其中f是M函数文件名,X, X0∈$\mathbf{R}^n$,opt(1) = 1,有中间结果输出;opt(1) = －1给出警告信息。

**例1**　求解 $\min\left(\frac{x^2}{2}+\frac{y^2}{2}\right)$。

**解**　①建立M函数文件

```
function y = fun1(x)
y = x(1).^2/2 + x(2).^2/2;        %用x(1)代替题目中的x,用x(2)
                                          代替题目中的y
```

②建立命令文件

```
x0 = [1,1];
```

```
x = fminu('fun1',x0)
```

③运行

```
x =

    1.0e-009  *(-0.3469    -0.3469)
```

所求极小值点为：$x=-0.3469\times10^{-9}$，$y=-0.3469\times10^{-9}$。

本题的精确结果为：$x_1=x_2=0$。

**例 2**　求解 $\min\left(\frac{x^2}{10}+\frac{y^2}{1}\right)$，观察中间结果。

**解**　①建立 M 函数文件

```
function y = fun2(x)
y = x(1).^2/10 + x(2).^2;
```

②建立命令文件

```
x0 = [1,1];
opt(1) = 1;
x = fminu('fun2',x0,opt)
```

③运行

```
f-COUNT        FUNCTION          STEP-SIZE        GRAD/SD
    4              1.1           0.544554          -4.04
    9          0.0809191         0.504496       -2.67e-008
   15        7.35327e-016        4.95545        -2.27e-009
Optimization Terminated Successfully
 Search direction less than 2 * options(2)
 Gradient in the search direction less than 2 * options(3)
 NUMBER OF FUNCTION EVALUATIONS = 15
x =

    1.0e-007  *( 0.0431    -0.2708)
```

④分析

表明经过了 15 次迭代得：

$$x_1=-0.0431*10^{-7}\quad x_2=-0.2708*10^{-7}$$

中间结果给出了迭代次数、函数值、步长、搜索方向梯度值。

### 9.1.2　约束优化

●命令形式 1:X = constr('f', X0)

功能:从点 X0 开始求带约束条件函数 f 的极小值点 X。其中 f 是 M 函数文件名,X, X0∈$\mathbf{R}^n$。

● 命令形式 2:X = constr ('f ', X0, opt)

功能:从点 X0 开始求带约束条件函数 f 的极小值点 X。其中 f 是 M 函数文件名,X, X0∈$\mathbf{R}^n$。

opt(1) = 1,有中间结果输出;opt(1) = −1 给出警告信息。

**例 3**　求函数 $f(x_{12}) = 100(x_1 - x_2)^2 + (1 - x_1)^2$ 带约束 $\begin{cases} x_1 + x_2 \leqslant 1.5 \\ x_1 + x_2 \geqslant 0 \end{cases}$ 的极小值。

**解**　①建立 M 函数文件

```
function [f,g] = fun3(x)
f = 100 * (x(2) - x(1)^2)^2 + (1 - x(1))^2;
g(1) = x(1) + x(2) - 1.5;
g(2) = - x(1) - x(2);
```

②建立命令文件

```
[x,y] = meshgrid( -2:.1:2,-1:.1:3);
z = 100 * (y - x.^2).^2 + (1 - x).^2;
subplot(1,2,1),mesh(x,y,z),
title('f(x,y)'),axis([ -2 2  -1 3  -1000 3000])
subplot(1,2,2),contour(x,y,z,20),title('等高线')
x0 = [ -1.9,2];opt(1) = -1;
X = constr('fun3',x0,opt)
```

③运行

```
X =
     0.8231      0.6769
```

运行结果如图 9.1 所示。

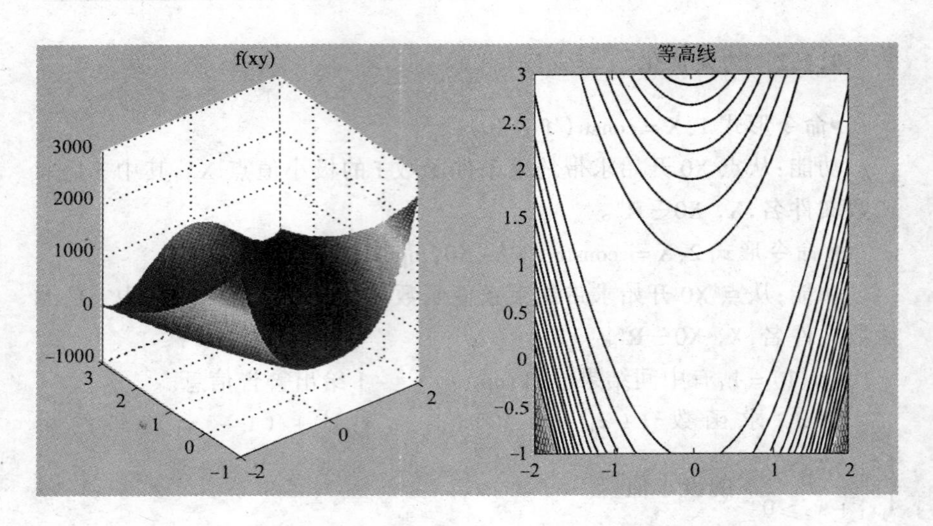


图 9.1　函数 $f(x_1,x_2)=100(x_1-x_2)^2+(1-x_1)^2$ 与其等高线的图像

## 9.2　求解线性规划

线性规划是运筹学的一个重要分支,应用很广。线性规划问题可以描述为求一组非负变量,这些非负变量在满足一定线性约束的条件下,使一个线性目标函数取得极小(大)值的问题。

(1)线性规划的标准形式

目标函数：　　$\min S = c_1x_1 + c_2x_2 + \cdots + c_nx_n$

约束条件：
$$\begin{cases} a_{11}x_1 + a_{12}x_2 + \cdots + a_{1n}x_n = b_1 \\ a_{21}x_1 + a_{22}x_2 + \cdots + a_{2n}x_n = b_2 \\ a_{m1}x_1 + a_{m2}x_2 + \cdots + a_{mn}x_n = b_m \\ x_1, x_2, \cdots, x_n \geqslant 0 \end{cases}$$

这里 $x_1,x_2,\cdots,x_n$ 是变量,$c_i,a_{ij},b_i$ 都是已知常数,且 $b_i\geqslant 0$,约束条件常用符号 s.t.表示。

(2)线性规划的一般形式

目标函数：　　$\min S = c_1x_1 + c_2x_2 + \cdots + c_nx_n$

$$\text{s.t.}\begin{cases}a_{11}x_1+a_{12}x_2+\cdots+a_{1n}x_n \ \square\ b_1\\ a_{21}x_1+a_{22}x_2+\cdots+a_{2n}x_n \ \square\ b_2\\ \quad\vdots\\ a_{m1}x_1+a_{m2}x_2+\cdots+a_{mn}x_n \ \square\ b_m\end{cases}$$

式中符号“□”可以是关系符号：>，<，=，≥，≤ 中的任意一个。

Matlab 提供了解线性规划问题的命令，由于线性规划的标准形式是一般形式的特例，这里介绍解一般形式的线性规划问题的 Matlab 命令 lp。

命令格式为：

- lp(c,A,b)　其中线性规划须写成矩阵形式：$\begin{cases}\min c^{\mathrm{T}}x\\ \text{s.t.}\ Ax\leqslant b\end{cases}$
- lp(c,A,b,v1,v2)　其中 v1,v2 给出 x 的下界与上届，其余同上

**例 1**　求线性规划问题

$$\min z = x_1 + x_2$$

$$\text{s.t.}\begin{cases}x_1 - x_2 \leqslant 1\\ x_1 \geqslant 0\end{cases}$$

**解**　①把线性规划问题写成矩阵形式：

$$z = x_1 + x_2 = (1\ 1)\begin{pmatrix}x_1\\x_2\end{pmatrix}$$

$$\text{s.t}\quad\begin{pmatrix}1 & -1\\ -1 & 0\end{pmatrix}\begin{pmatrix}x_1\\x_2\end{pmatrix}\leqslant\begin{pmatrix}1\\0\end{pmatrix}$$

②Matlab 命令为

```
c=[1 1]; A=[1 -1;-1 0]; b=[1 0];↙
x=(lp(c,A,b))'↙
x =
    0    -1
```

③分析：当 $\boldsymbol{x}=(0,-1)$时取得极小值 $z=-1$。

**例 2**　求线性规划问题

$$\text{Min}\ m = 13x - y + 5z$$

$$\text{s.t.}\begin{cases} x+y\geqslant 7 \\ y+z<10 \\ x>2 \\ y>0 \\ z>0 \end{cases}$$

**解** ①把线性规划问题写成矩阵形式：

$$m=13x-y+5z=(13\ \ -1\ 5)\begin{pmatrix} x \\ y \\ z \end{pmatrix}$$

$$\text{s.t}\begin{cases} \begin{pmatrix} -1 & -1 & 0 \\ 0 & 1 & 1 \end{pmatrix}\begin{pmatrix} x \\ y \\ z \end{pmatrix}\leqslant\begin{pmatrix} -7 \\ 10 \end{pmatrix} \\ x>2, y>0, z>0 \end{cases}$$

②Matlab 命令为

```
c=[13 -1 5];A=[-1 -1 0;0 1 1];b=[-7 10];↙
v0=[2 0 0];↙
x=(lp(c,A,b,v0))'↙
x =
      2     10     0
```

③分析：当 $\boldsymbol{x}=(2,10,0)$时取得极小值 $z=16$。

**例3** 现有三种食品 A1,A2,A3,各含有两种营养成分 B1,B2，每单位食物 A$i$ 含有 B$j$ 成分的数量及每种食物的单价如下表所示：

| 种类<br>成分 | A1 | A2 | A3 | 营养成分需要量 |
|---|---|---|---|---|
| B1 | 2 | 0 | 4 | 5 |
| B2 | 2 | 3 | 1 | 4 |
| 单价 | 4 | 2 | 3 | |

问应如何选购食物，才能既满足对营养成分 B1,B2 的需要，又使费用最少？

**解**　设购买食品 A1,A2,A3 的数量分别为 $x_1, x_2, x_3$,花费的费用为 $S$,则本问题可以用以下的数学模型来描述:

$$\text{Min } S = 4x_1 + 2x_2 + 3x_3$$

$$\text{s.t.} \begin{cases} 2x_1 + 4x_3 \geqslant 5 \\ 2x_1 + 3x_2 + x_3 \geqslant 4 \\ x_1, x_2, x_3 \geqslant 0 \end{cases}$$

**解**　①把线性规划问题写成矩阵形式:

$$s = 4x_1 + 2x_2 + 3x_3 = (4\ 2\ 3)\begin{pmatrix} x_1 \\ x_2 \\ x_3 \end{pmatrix}$$

$$\text{s.t}\begin{cases} \begin{pmatrix} -2 & 0 & -4 \\ -2 & -3 & -1 \end{pmatrix}\begin{pmatrix} x_1 \\ x_2 \\ x_3 \end{pmatrix} \leqslant \begin{pmatrix} -5 \\ -4 \end{pmatrix} \\ x_1, x_2, x_3 \geqslant 0 \end{cases}$$

②Matlab 命令为

```
c=[4 2 3];A=-[2 0 4;2 3 1];b=[-5 -4];↙
v0=[0 0 0];↙
x=(lp(c,A,b,v0))'↙
x=
    0    0.9167    1.2500
```

③分析:当 $\boldsymbol{x} = (0, 0.9167, 1.2500)$ 时取得极小值。

计算结果显示购买 0.9127 数量的食品 A2,1.25 数量的食品 A3 可以满足本问题的要求,此时的花费的费用为 67/12。

## 习　题

1. 求线性规划问题:

$$\text{Max } S = 17x_1 - 20x_2 + 18x_3$$

$$\text{s.t.}\begin{cases}x_1 - x_2 + x_3 < 10\\ x_1 + x_3 < 5\\ x_1 < 5\end{cases}$$

2. 求线性规划问题：

$$\text{Min}f = -x - 3y - 3z,$$

$$\text{s.t.}\begin{cases}3x + y + 2z + v = 5\\ x + z + 2v + w = 2\\ x + 2z + u + 2v = 6\\ x,\ y,\ z,\ u,\ v,\ w > 0\end{cases}$$

3. 求解 $\min\left(\dfrac{x^2}{a} + \dfrac{y^2}{b}\right)$，$a = 1, b = 1$ 和 $a = 9, b = 1$，并观察中间结果。

4. 求解非线性规划：

$$\min f = \exp(x_1 x_2 x_3 x_4 x_5)$$

$$\text{s.t.}\begin{cases}x_1^2 + x_2^2 + x_3^2 + x_4^2 + x_5^2 = 10\\ x_2 x_3 - 5x_4 x_5 = 0\\ x_1 + x_2 + 1 = 0\\ -2.3 \leqslant x_i \leqslant 2.3 \qquad (i = 1,2)\\ -2.3 \leqslant x_i \leqslant 3.2 \qquad (i = 3,4,5)\end{cases}$$

5. 炼油厂将 $A$、$B$、$C$ 三种原油加工成甲、乙、丙三种汽油。一桶原油加工成一桶汽油的费用为 4 元，每天至多能加工汽油 14 000 桶。原油的买入价、买入量、辛烷值、硫含量及汽油的卖出价、需求量、辛烷值、硫含量由下表给出。如何安排生产计划，在满足需求的条件下使利润最大？

| 原油类别 | 买入价(元/桶) | 买入量(桶/天) | 辛烷值(%) | 硫含量(%) |
|---|---|---|---|---|
| $A$ | 45 | ≤5000 | 12 | 0.5 |
| $B$ | 35 | ≤5000 | 6 | 2.0 |
| $C$ | 25 | ≤5000 | 8 | 3.0 |
| **汽油类别** | **卖出价(元/桶)** | **需求量(桶/天)** | **辛烷值(%)** | **硫含量(%)** |
| 甲 | 70 | 3000 | ≥10 | ≤1 |
| 乙 | 60 | 2000 | ≥8 | ≤2 |
| 丙 | 50 | 1000 | ≥6 | ≤3 |

# 附　录

## 附录1　常用的 Matlab 命令

常用的三角函数

| 函数名称 | 函数功能 | 函数名称 | 符号功能 |
|---|---|---|---|
| sin(x) | 正弦函数 cos $x$ | asin(x) | 反正弦函数 arcsin$x$ |
| cos(x) | 余弦函数 tan $x$ | acos(x) | 反余弦函数 arccos $x$ |
| tan(x) | 正切函数 cot $x$ | atan(x) | 反正切函数 arctan $x$ |
| cot(x) | 余切函数 cot $x$ | acot(x) | 反余切函数 arccot $x$ |
| sec(x) | 正割函数 sec $x$ | asec(x) | 反正割函数 arcsec $x$ |
| sinh(x) | 双曲函数 sinh $x$ | asinh(x) | 反双曲函数 arcsinh $x$ |

常用的计算函数

| 函数名称 | 函数功能 | 函数名称 | 函数功能 |
|---|---|---|---|
| abs(x) | 求变量 $x$ 绝对值$\|x\|$ | rats(x) | 将实数化为多项分数表示 |
| angle(x) | 复数 $x$ 的相角 | sign(x) | 符号函数 |
| sqrt(x) | 求变量 $x$ 的算术平方根$\sqrt{x}$ | rem(x,y) | 求 $x$ 除以 $y$ 的余数 |
| real(x) | 求复数 $x$ 的实部 | gcd(x,y) | 整数 $x$ 和 $y$ 的最大公因数 |
| image(x) | 求复数 $x$ 的虚部 | lcm(x,y) | 整数 $x$ 和 $y$ 的最小公倍数 |
| conj(x) | 求复数 $x$ 的共轭复数 | exp(x) | 自然指数 $e^x$ |
| round(x) | 四舍五入至最近整数 | pow2(x) | 2 的指数 $2^x$ |
| fix(x) | 无论正负,舍去小数至最近整数 | log(x) | 自然对数 ln $x$ |
| ceil(x) | 加入正小数至最近整数 | log2(x) | 以 2 为底的对数 $\log_2 x$ |
| floor(x) | 舍去正小数至最近整数 | log10(x) | 以 10 为底的对数 $\log_{10} x$ |
| rat(x) | 将实数化为分数表示 | | |

多项式函数

| 函数名称 | 函数功能 | 函数名称 | 函数功能 |
|---|---|---|---|
| Roots | 多项式求根 | Deconv | 多项式的除法 |
| Poly | 求他特征多项式 | Mkpp | 建立分段多项式 |
| Polyval | 求多项式的值 | Ppval | 计算分段多项式的值 |
| Polyvalm | 求以矩阵为变量的多项式的值 | Resi2 | 计算重极点的留数 |
| Residue | 部分分式展开或留数计算 | unmkpp | 取消分段多项式 |
| Polyfit | 多项式的曲线拟合 | polyder | 微分多项式 |
| Conv | 多项式的乘法 | | |

常用的矩阵函数

| 函数名称 | 函数功能 | 函数名称 | 函数功能 |
|---|---|---|---|
| zeros(m,n) | $m$ 行 $n$ 列的零矩阵 | cond(A) | 求矩阵 **A** 的条件数 |
| eye(n) | $n$ 阶方矩阵 | rref(A) | 求矩阵 **A** 的行最简形 |
| ones(m,n) | $m$ 行 $n$ 列的元素为 1 的矩阵 | inv(A) | 求矩阵 **A** 的逆矩阵 |
| rand(m,n) | $m$ 行 $n$ 列的随机矩阵 | det(A) | 求矩阵 **A** 的行列式 |
| randn(m,n) | $m$ 行 $n$ 列的正态随机矩阵 | expm(A) | 求矩阵 **A** 的指数值 |
| magic(n) | $n$ 阶魔方矩阵 | logm(A) | 求矩阵 **A** 的对数值 |
| hess(A) | hess 矩阵 | morm(A,1) | 求矩阵 **A** 的范数 |
| sqrtm(A) | 求矩阵 **A** 的平方根 | Fliplr | 将矩阵左右翻转 |
| funm(A) | 按矩阵计算的函数值 | Flipud | 将矩阵上下翻转 |
| rank(A) | 求矩阵 **A** 的秩 | Reshape | 改变矩阵的维数 |
| eig(A) | 求矩阵 **A** 的特征值 | Tril | 产生或提取下三角阵 |
| poly(A) | 求矩阵 **A** 的特征多项式 | Triu | 产生或提取上三角阵 |
| trace(A) | 求矩阵 **A** 的迹 | | |

## 特殊变量与函数

| 函数名称 | 函数功能 | 函数名称 | 函数功能 |
|---|---|---|---|
| Ans | 默认返回变量 | Nargout | 函数的输出变量个数 |
| Eps | 默认的相对浮点精度 | Computer | 本地计算机的类型 |
| Realmax | 最大正浮点数,其值为 1.7977E+308 | Version | Matlab 的版本信息 |
| Realmin | 最小正浮点数,其值为 2.2251E-308 | Clock | 时钟 |
| Pi | 常量 π | Cputime | CPU 的时间(s) |
| I,j | 虚数符号 | Date | 得到当天的日期信息 |
| Inf | 无穷值 | Eteme | 得到计算机的运行时间 |
| Nan | 不定值 | Tic | 开始秒表的运行 |
| Flops | 浮点运算次数 | Toc | 读取秒表的运行时间 |
| Nargin | 函数的输入变量个数 | | |

## 数据分析

| 函数名称 | 函数功能 | 函数名称 | 函数功能 |
|---|---|---|---|
| max | 最大分量 | Cumsum | 求元素的累积和 |
| Min | 最小分量 | Cumprod | 求元素的累积积 |
| Meam | 平均或平均值 | Trapz | 利用梯形法求数值积分 |
| Median | 中值 | Diff | 计算查分和近似微分 |
| Std | 标准偏差 | Gradient | 计算近似梯度 |
| Sort | 将向量按升序排序 | Gross | 向量的矢量积 |
| Sum | 求元素的和 | Dot | 向量的点积 |
| Prod | 求元素的积 | Subspace | 求子空间之间的夹角 |

## 非线性数值方法

| 函数名称 | 函数功能 | 函数名称 | 函数功能 |
|---|---|---|---|
| Ode23 | 用低阶法解常微分方程和方程组 | Fmins | 求多变量函数的极小值 |
| Ode23p | 用低阶法解常微分方程并给出结果的图形 | Fzero | 求单变量函数的零点 |

续上表

| 函数名称 | 函数功能 | 函数名称 | 函数功能 |
|---|---|---|---|
| Ode45 | 用高阶法解常微分方程 | Foptions | 定义优化过程中所使用的递归函数 |
| Quad | 用低阶法求数值积分 | Quad8stp | QUAD8 中所使用的递归函数 |
| Quad8 | 用高阶法求数值积分 | Quadstp | QUAD 函数中所使用的递归函数 |
| Fmin | 求单变量函数的极小值 | | |

一般命令和演示函数

| 命令分类 | 函数指令 | 含　义 |
|---|---|---|
| 管理命令和函数目录 | HELP | 提供在线帮助目录 |
| | WHAT | 显示 M,MAT 和 MEX 文件 |
| | TYPE | 显示 M 文件的内容 |
| | LOOKFOR | 通过 HELP 入口的关键词检索 |
| | WHICH | 定位函数和文件的位置 |
| | DEMO | 运行演示程序的目录和实例 |
| | PATH | 控制 Matlab 的搜索路径 |
| 管理变量和工作空间 | WHO | 显示工作空间中的当前变量 |
| | WHOS | 以长形式显示当前工作空间中的变量 |
| | LOAD | 从磁盘上装载文件 |
| | SAVE | 将当前工作空间中指定变量存入 MAT 文件中 |
| | CLEAR | 从内存中清除变量和函数 |
| | SIZE | 获得矩阵的大小 |
| | LENGTH | 得到向量的长度 |
| | DISP | 显示矩阵和文件 |
| 文件和系统管理函数 | CD | 改变当前工作目录 |
| | DIR | 显示当前工作目录下的目录和文件 |
| | DELETE | 删除文件 |
| | ! | 执行操作系统的命令 |
| | UNIX | 执行操作系统的命令并返回结果 |
| | DIARY | 保存 Matlab 的交互文本 |

续上表

| 命令分类 | 函数指令 | 含　义 |
| --- | --- | --- |
| 控制命令窗口操作 | CEDIT | 设置线编辑命令,调用设备管理参数 |
| | CLC | 清除命令窗口中的字符 |
| | HOME | 将光标返回初始位置 |
| | FORMAT | 设置输出格式 |
| | ECHO | 文本文件返回命令 |
| | MORE | 控制命令窗分页输出 |
| | QUIT | 退出 Matlab 工作空间 |
| | STARTUP | 当 Matlab 被调用时执行 M 文件 |
| | EDIT | 调用 Matlab 文本编辑器 |

## 运算符与操作符

| 命令分类 | 函数指令 | 含　义 |
| --- | --- | --- |
| 运算符与特殊符号 | + | 加法 |
| | − | 减法 |
| | * | 矩阵乘法 |
| | .* | 数组乘法 |
| | ^ | 矩阵乘方 |
| | .^ | 数组乘方 |
| | \ | 左除 |
| | / | 右除 |
| | ./ | 数组除法 |
| | KRON | KRONECKER 张量积 |
| | : | 冒号操作符 |
| | ( | 括号 |
| | [ | 括号 |
| | . | 小数点 |
| | .. | 原始目录 |
| | ... | 连续号 |
| | , | 逗号 |
| | ; | 分号 |
| | % | 注释号 |
| | ' | 转置符或引号 |
| | = | 赋值符号 |
| | = = | 等于号 |
| | > | 大于号 |
| | < | 小于号 |

续上表

| 命令分类 | 函数指令 | 含　义 |
| --- | --- | --- |
| 关系运算符 | & | 逻辑与 |
| | \| | 逻辑或 |
| | ~ | 逻辑非 |
| | XOR | 逻辑异或 |
| 逻辑符号 | EXIST | 检查变量或函数释放存在 |
| | ANY | 确认是否任何一个向量元素为非零 |
| | ALL | 确认是否存在所有向量或矩阵的元素是否为非零 |
| | FIND | 寻找非零元素的下标 |
| | ISNAN | 确认是否为不定值 |
| | ISINF | 确认是否为无穷大元素 |
| | ISEMPTY | 确认是否为空矩阵 |
| | ISSTR | 确认是否为字符串 |
| | ISGLOBAL | 确认变量是否为全局变量 |
| | FINITE | 当含有有限元时,其值为真 |
| | ISINF | 当含有无限大的元时,其值为真 |
| | ISREAL | 当矩阵为实矩阵时,其值为真 |
| | ISSPACE | 当矩阵为稀疏矩阵时,其值为真 |

## 字符串函数

| 命令分类 | 函数指令 | 含　义 |
| --- | --- | --- |
| 一般字符串函数 | ABS | 字符串的 ASCII 码 |
| | SERSTR | 将整数值转换为字符串 |
| | ISSTR | 确认变量是否为文本字符串 |
| | BLANKS | 空字符 |
| | DEBLANK | 删除字符串后面的空格 |
| | STR2MAT | 由独立的字符串形成文本矩阵 |
| | EVAL | 执行包含 Matlab 表达式的字符串 |
| 字符串比较 | STRCMP | 比较两个字符串 |
| | FINDSTR | 在其他字符串中寻找一个字符串 |
| | UPPER | 将字符串中的小写字符转换为大写 |
| | LOWER | 将字符串中的大写字符转换为小写 |
| | ISLETTER | 确认字符串中的字符是否为字母 |

续上表

| 命令分类 | 函数指令 | 含　义 |
| --- | --- | --- |
| 字符与数字转换 | NUM2STR | 将数字转换为字符串 |
| | INT2STR | 将整数转换为字符串 |
| | STR2NUM | 将字符串转换为数字 |
| | SPRINTF | 在给定格式下,将数字转换为字符串 |
| | SSCANF | 在给定格式下,将字符串转换为数字 |
| | HEX2NUM | 将十六进制字符串转换为浮点数 |
| | HEX2DEC | 将十六进制字符串转换为十进制整数 |
| | DEC2HEX | 将十进制整数转换为十六进制字符串 |

## 图形函数

| 命令分类 | 函数指令 | 含　义 |
| --- | --- | --- |
| 基本的图形函数 | PLOT | 绘制向量或矩阵的图形 |
| | PLOT3 | 三维空间内画点和直线的图 |
| | FILL3 | 在三维空间内添画多边形 |
| | LOGLOG | 用全对数坐标绘制图形 |
| | SEMILOGX | 用 X 轴为对数的半对数坐标绘图 |
| | SEMILOGY | 用 Y 轴为对数的半对数坐标绘图 |
| | FILL | 绘制二维多边形填充图 |
| 特殊的图形函数 | POLAR | 绘制极坐标图 |
| | BAR | 画条形图 |
| | STEM | 画条形图 |
| | STAIRS | 画离散序列数据图 |
| | ERRORBAR | 画误差条形图 |
| | HIST | 画直方图 |
| | ROSE | 画玫瑰线或角度直方图 |
| | COMPASS | 画区域图 |
| | FEATHER | 画箭头图 |
| | FPLOT | 画任意函数的图形 |

续上表

| 命令分类 | 函数指令 | 含　义 |
|---|---|---|
| 特殊的图形函数 | CONTOUR | 画等高线图 |
| | CONTOUR3 | 画三维等高线图 |
| | CLABEL | 画在等高线图上增加高度标记 |
| | CONTOURC | 等高线图计算 |
| | PCOLOR | 画伪色彩图形 |
| | QUIVER | 画箭头图 |
| | MESH | 画三维网状表面图 |
| | MESHC | 网络与等高图混合图形 |
| | MESHZ | 带参考平面的三维网格图 |
| | SURF | 三维表面阴影图 |
| | SURFC | 画表面阴影图与等高线图的混合图形 |
| | SURFL | 具有高度的三维表面阴影图 |
| | WATERFALL | 画落差图 |
| | SLICE | 画体积剖分图 |
| | COMET | 画彗星图 |
| | COMET3 | 三维彗星图 |
| 三维图形的形式 | VIEW | 给三维图形指定观察点 |
| | VIEWMTX | 产生视点变换矩阵 |
| | HIDDEN | 网格消隐线移动方式 |
| | SHADING | 彩色阴影方式 |
| | AXIS | 控制坐标刻度和坐标的形式 |
| | CAXIS | 控制伪彩色坐标刻度 |
| | COLORRMAP | 设置颜色查询表 |
| | SLICE | 立体可视图 |
| | CYLINDER | 产生圆柱体 |
| | SPHERE | 产生球体 |

续上表

| 命令分类 | 函数指令 | 含　义 |
| --- | --- | --- |
| 图形的标注与注释 | TITLE | 为图形添加标题 |
| | XLABEL | 为 X 轴做文本标记 |
| | YLABEL | 为 Y 轴做文本标记 |
| | ZLABEL | 为 Z 轴做文本标记 |
| | TEXT | 在指定位置做文本注释 |
| | GTEXT | 用鼠标放置文本 |
| | GRID | 对二维和司维图形加栅格 |
| 图形窗口和目标的建立与控制 | FIGURE | 建立新的图形窗口 |
| | GCF | 取消对当前图形的控制柄 |
| | CLF | 删除当前的图形对象 |
| 坐标轴的控制 | SUBPLOT | 在指定的位置建立坐标系 |
| | AXES | 在任意的位置建立坐标系 |
| | GCA | 取消对当前坐标系的控制 |
| | CLA | 取消对当前坐标系的控制 |
| | AXIS | 控制坐标系的刻度和形式 |
| | CAXIS | 控制伪彩色坐标刻度 |
| | HOLD | 保持当前的图形 |

# 附录 2　Mathemaica 软件使用简介

Mathematica 是一个功能强大的常用数学软件，它是由美国物理学家 StephenWolfram 领导的 WolframResearch 公司用 C 语言开发的数学系统软件，不但可以解决数学中的数值计算问题，还可以解决符号演算问题，并且能够方便地绘出各种函数图形。这里介绍的命令可以适用于 Windows 操作系统的 Mathematica 2.2 以上版本运行。

## 一、Mathematica 的进入/退出

如果你的计算机已经安装了 Mathematica 软件，系统会在 Windows【开始】

菜单的【程序】子菜单中加入启动 Mathematica 命令的图标,如图附 2.1 所示。

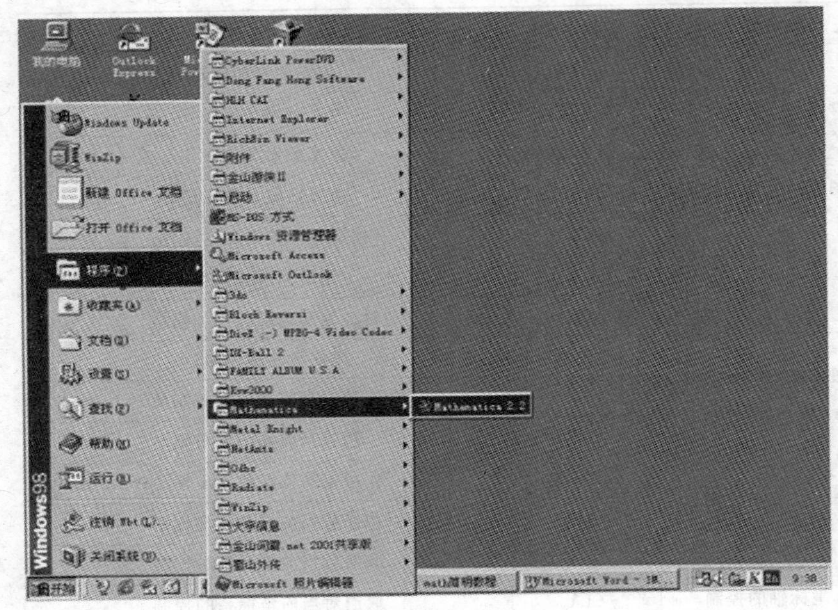

图附 2.1　启动 Mathematica

用鼠标单击它就可以启动 Mathematica 系统进入 Mathematica 系统工作界面(见图附 2.2 与图附 2.3)。

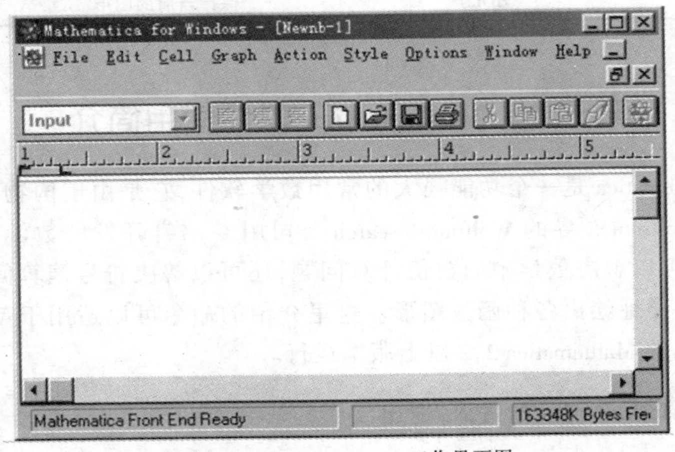

图附 2.2　Mathematica 2.2 工作界面图

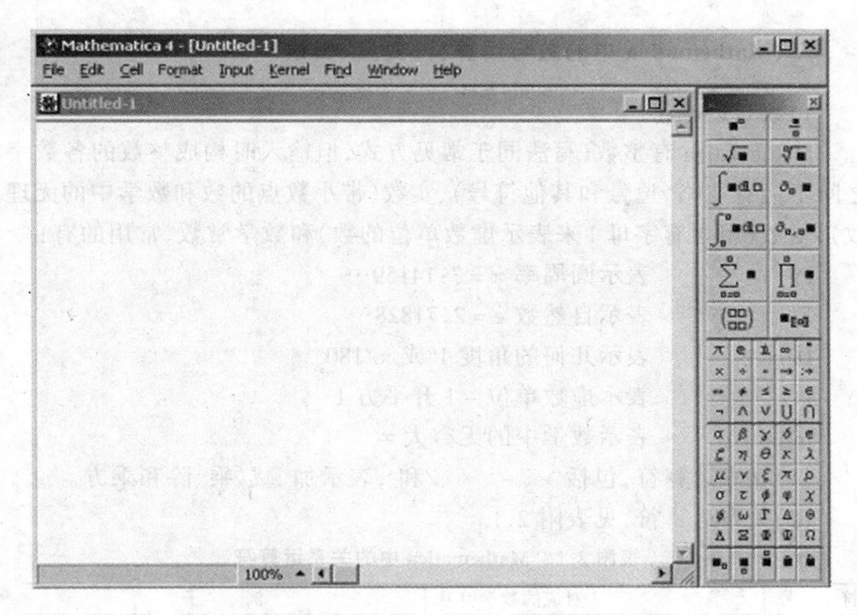


图附 2.3　Mathematica 4.0 工作界面图

Mathematica 系统工作界面是基于 Windows 环境下的 Mathematica 函数或程序运行与结果显示的图形用户接口，是 Mathematica 的工作屏幕。界面上方的主菜单和工具条的功能类似于 Windows 中的 Word 软件。其中的空白位置称为 Notebook 用户区，用户可以在这里输入文本、实际的 Mathematica 命令和程序等来达到使用 Mathematica 的目的。在用户区输入的内容被 Mathematica 用一个具有扩展名为“.ma”(Mathematica 2.2)或“.mb”(Mathematica 4.0)的文件名来记录，该文件名是退出 Mathematica 时保存用户区输入内容的默认文件名，一般是文件名：“Newnb - 1.ma”或“Newnb - 1.mb”。退出 Mathematica 系统像关闭一个 Word 文件一样，只要用鼠标点击 Mathematica 系统集成界面右上角的关闭按钮即可。关闭前，屏幕会出现一个对话框，询问是否保存用户区的内容，如果单击对话框的“否(N)”按钮，则关闭 Notebook 窗口，退出 Mathematica 系统；如果单击对话框的“是(Y)”按钮，则先提示你用一个具有扩展名为“.ma”或“.mb”的文件名来保存用户区内的内容，再退出 Mathematica 系统。

## 二、Mathematica 中的数与运算符、变量、函数

### 1.数与运算符

Mathematica 有整数(写法同于常见方式,但输入时构成整数的各数字之间不能有空格、逗号和其他符号)、实数(带小数点的数和数学中的无理数)、复数(用含有字母 I 来表示虚数单位的数)和数学常数,常用的有:

Pi　　表示圆周率 $\pi=3.14159\cdots$

E　　表示自然数 $e=2.71828\cdots$

Degree　　表示几何的角度 $1°$或 $\pi/180$

I　　表示虚数单位 $-1$ 开平方 I

Infinity　　表示数学中的无穷大 $\infty$

(1)算术运算符,包括 + 、- 、* 、/ 和^,表示加、减、乘、除和乘方。

(2)关系运算符,见表附 2.1。

**表附 2.1　Mathematica 中的关系运算符**

| 符　号 | 含　义 | 对应的数学符号 | 例　子 |
|---|---|---|---|
| = = | 相等关系 | = | 如 $x+3=0$ 应该写为 x + 3 = = 0 |
| ! = | 不等关系 | ≠ | 如 $x+3\neq0$ 应该写为 x + 3! = 0 |
| > | 大于关系, | > | 如 $x>4$ 应该写为 x > 4 |
| > = | 大于等于关系 | ⩾ | 如 $x\geqslant4$ 应该写为 x > = 4 |

(3)逻辑运算符(见表附 2.2)

**表附 2.2　Mathematica 中的逻辑运算符**

| 符　号 | 名　称 | 含　义 |
|---|---|---|
| ! | 逻辑非 | 当关系表达式 A 为真时,! A 为假;<br>当关系表达式 A 为假时,! A 为真。 |
| && | 逻辑与 | 当关系表达式 A 和 B 都为真时,A&&B 为真,否则为假。 |
| \|\| | 逻辑或 | 当关系表达式 A 和 B 都为假时,A\|\|B 为假,否则为真。 |

### 2.变量

(1)变量名的书写规则

以小写字母开头,可以包含任意多的字母数字,但不能包含空格或标点符号。

(2)变量的赋值命令

①变量 = 表达式

作用:把表达式的值赋给左边变量,如 s = x^2 - 5x + 6,t = x^2 + y^2 - 2x * y

②变量 = Input[ ]

作用:通过键盘输入给左边的变量赋值,例如:x = Input[]

(3)清除变量

清除变量的含义是清除前面已经给变量所赋的值,命令形式为

变量名 =.

或　　Clear[变量名 1,变量名 2,…]

清除变量后,变量名就还原成一般的数学符号了。

3.函数

Mathematica 有很丰富的内部函数,函数名一般使用数学中的英文单词,只要输入相应的函数名,就可以方便地使用这些函数。内部函数既有数学中常用的函数,又有工程中用的特殊函数。如果用户想自己定义一个函数,Mathematica 也提供了这种功能。Mathematica 中的函数自变量应该用方括号[ ]括起,不能用圆括( )号括起。

(1)Mathematica 中的内部函数(见表附 2.3)

**表附 2.3　Mathematica 中的内部函数**

| Mathematica 函数形式 | 数学含义 |
|---|---|
| Abs[x] | 表示 $x$ 的绝对值 $\|x\|$ |
| ArcSin[x],ArcCos[x] | 表示反正弦函数 $\arcsin x$,反余弦函数 $\arccos x$ |
| ArcTan[x],ArcCot[x] | 表示反正切函数 $\arctan x$,反余切函数 $\operatorname{arccot} x$ |
| Binomial[n,m] | 表示二项式系数 $C_n^m$ |
| Ceiling[x] | 表示不小于 $x$ 的最大整数 |
| Exp[x] | 表示以自然数为底的指数函数 $e^x$ |
| Floor[x] | 表示不大于 $x$ 的最大整数 |
| GCD[m1,m2,…,mn] | 表示取出整数 $m_1,m_2,\cdots,m_n$ 的最大公约数 |
| GCD[s] | 表示取出表 $s$ 中所有数的最大公约数 |
| LCM[m1,m2,…,mn] | 表示取出整数 $m_1,m_2,\cdots,m_n$ 的最小公倍数 |
| LCM[s] | 表示取出表 $s$ 中所有数的最小公倍数 |
| Log[x] | 表示以自然数为底的对数函数 $\ln x$ |
| Log[a,x] | 表示以数 $a$ 为底的对数函数 $\log_a x$ |

续上表

| Mathematica 函数形式 | 数学含义 |
| --- | --- |
| Max[x1,x2,…,xn] | 表示取出实数 $x_1,x_2,\cdots,x_n$ 的最大值 |
| Max[s] | 表示取出表 $s$ 中所有数的最大值 |
| Min[x1,x2,…,xn] | 表示取出实数 $x_1,x_2,\cdots,x_n$ 的最小值 |
| Min[s] | 表示取出表 $s$ 中所有数的最小值 |
| Mod[m,n] | 表示整数 $m$ 除以整数 $n$ 的余数 |
| n! | 表示阶乘 $n(n-1)(n-2)\cdots1$ |
| n!! | 表示双阶乘 $n(n-2)(n-4)\cdots$ |
| Quotient[m,n] | 表示整数 $m$ 除以整数 $n$ 的整数部分 |
| Round[x] | 表示最接近 $x$ 的整数 |
| Sign[x] | 表示 $x$ 的符号函数 $\mathrm{sgn}(x)$ |
| Sin[x],Cos[x] | 表示正弦函数 $\sin x$,余弦函数 $\cos x$ |
| Sqrt[x] | 表示 $x$ 的平方根函数 |
| Tan[x],Cot[x] | 表示正切函数 $\tan x$,余切函数 $\cot x$ |
| Random[] | 随机给出闭区间[0,1]内的一个实数 |
| Random[Real,xmax] | 随机给出闭区间$[0,x_{max}]$内的一个实数 |
| Random[Real,{xmin,xmax}] | 随机给出闭区间$[x_{min},x_{max}]$内的一个实数 |
| Random[Integer] | 随机给出整数 0 或 1 |
| Random[Integer,{xmin,xmax}] | 随机给出 $x_{min}$ 到 $x_{max}$ 之间的一个整数 |
| Random[Complex] | 随机给出单位正方形内的一个复数 |

(2)Mathematica 中的自定义函数

如果用户要多次处理的函数不是 Mathematica 内部函数,则可以利用 Mathematica 提供的自定义函数的功能在 Mathematica 中定义一个函数。自定义一个函数后,该函数可以像 Mathematica 内部函数一样在 Mathematica 中使用。

①定义一个一元函数:

函数名[自变量名_]: = 表达式

例如想定义一个函数 $y = a\sin x + x^5$($a$ 是参数)只要键入:

```
y[x_]: = a * Sin[x] + x^5
```

②定义一个多元函数

函数名[自变量名 1_,自变量名 2_,…]: = 表达式

例如想定义一个二元函数 $z_1 = \tan(x/y) - ye^{5x}$ 只要键入:

z1[x_,y_]: = Tan[x/y] + y * Exp[5x]

注意:①自定义的函数名与变量名的规定相同,方括号中的每个自变量名后都要有一个下划线“_”,中部的定义号“: = ”的两个符号是一个整体,中间不能有空格。

②键入自定义函数并按下 Shift + Enter 键后,Mathematica 不在计算机屏幕显示输出结果 Out[n],只是记住该自定义函数的函数名和对应的表达式,以利于后面的函数求值和运算使用。

(3) Mathematica 中的函数求值

表示函数在某一点的函数值有两种方式:一种是数学方式,即直接在函数中把自变量用一个值或式子代替,如 Sin[2.3], Sqrt[a + 1], z1[3,5]等;另一种为变量替换的方式:

函数/.变量名 - >数值或表达式

或

函数/.{变量名1 - >数值1或表达式1,变量名2 - >数值2或表达式2,…}

这里符号“/.”和“ - > ”与变量取值中的变量替换方式意义相同。函数变量替换的执行过程为计算机将函数中的变量1,变量2,……分别替换为对应的数值1或表达式1,数值2或表达式2,……以得到函数在此点的函数值。例如:

fn[x]/.x - >8

可以得到函数值 fn(8)。

fn[x_,y_]: = x^3 + y^2/.{x - >a,y - >b + 2}。

可以得到函数值 fn(a,b + 2)。

4. Mathematica 中的复合表达式

在 Mathematica 中,一个用分号隔开的表达式序列称为一个复合表达式,它也称为一个过程。运行 Mathematica 中的一个复合表达式就是依次执行过程中的每个表达式,且过程中最后一个表达式的值作为该复合表达式的值,例如:

In[1]: = t = 1;u = t + 4;Sin[u]

Out[1] = Sin[5]　　　　(* 显示 Sin[u]的值 *)

5. Mathematica 中的一些符号和语句

(1)专用符号(见表附 2.4)

**表附 2.4　Mathematica 中的专用符号**

| 符　　号 | 意　　义 |
| --- | --- |
| % | 倒数第一次输出的内容 |
| %n | 第 $n$ 次输出内容,对应 Out[n]的输出式子 |
| ? | 显示该命令的简单使用方法 |
| ?? | 显示该命令的详细使用方法 |
| ; | 运算分号前面的表达式,但不显示计算结果 |

(2)屏幕输出语句

在 Mathematica 中,只要将处理的表达式没有以分号结尾,就会自动显示表达式的结果,否则就不显示结果。为了编写程序的方便,Mathematica还提供了不受分号约束的表达式显示语句称为屏幕输出语句,它的命令形式为

Print[表达式 1,表达式 2,…,表达式 $n$]

其功能为:在屏幕某一行上依次输出表达式 1,表达式 2,…表达式 $n$ 的值,表达式之间没有空隙,输入完毕后换行。

例如:

```
In[1]: = Print["2 + 3 = ",2 + 3]
Out[1] = 2 + 3 = 5
```

6.Mathematica 中四种括号的使用

Mathematica 中常用的括号有四种,分别为:"()"、"[]"、"{}"、"[[]]",它们各有专门的用途,不能任意使用。

(1)方括号[]

Mathematica 中的内部函数以及用户自定义函数的自变量和参数,只能由方括号[]括起来。

(2)花括号{}

花括号表示一个表(lists),它一般用作范围、界限、集合等之中。花括号用来表示可以用来表达数学中的向量和矩阵。如果把花括号作多层套用的话,就可以表示出以表为元素的表,事实上这就是矩阵。

(3)双方括号[[]]

双方括号只用于表示表 $a$ 的元素。

(4)圆括号()

圆括号主要用于改变表达式的优先运算顺序。用圆括号还可以把 $n$ 个表达式定义为一个表达式，然后就可以对这 $n$ 个表达式做批处理。

## 三、Mathematica 的表

表是 Mathematica 系统中一种重要的数据类型，在 Mathematica 中它可以表示数组和矩阵等。表的构造方式极为简单，直接将一些表达式用一对大括号“{}”括起来就可以了，表达式之间用逗号分隔开。构成表的各个表达式称为表的元素。没有任何元素的表称为空表。表的元素可以是任意的表达式，也可以是表。

Mathematica 的数学函数可以直接作用在表上，这时系统将函数分别作用在表的每一个元素上，得到的结果再做成一个表。与表有关的函数见表附 2.5。

**表附 2.5　Mathematica 中与表有关的函数**

| 函　数 | 功　能 |
|---|---|
| 1.Table[通项公式 f(i),{i,imin,imax,h}] | 产生一个表{f(imin),f(imin + h),f(imin + 2h),…,f(imin + nh)} imax − h ≤ imin + nh ≤ imax,h > 0 |
| 2.Table[通项公式 f(i),{i,imin,imax}] | 产生一个表{f(imin),f(imin + 1),f(imin + 2),…,f(imin + n)} imax − 1 ≤ imin + n ≤ imax |
| 3.Table[通项公式 f,{循环次数 $n$}],f 为常数 | 产生 $n$ 个 f 的一个表{f,f,f,…,f} |
| 4.Table[通项公式 f(i,j),{{i,imin,imax},{j,jmin,jmax}}] | 产生一个二维表{{f(imin,jmin),f(imin,jmin + 1),f(imin,jmin + 2),…,f(imin,jmin + m)},{f(imin + 1,jmin),f(imin + 1,jmin + 1),f(imin + 1,jmin + 2),…,f(imin + 1,jmin + m)},…,{f(imin + n,jmin),f(imin + n,jmin + 1),f(imin + n,jmin + 2),…,f(imin + n,jmin + m)}} imax − 1 ≤ imin + n ≤ imax,jmax − 1 ≤ jmin + m ≤ jmax |
| 5.表[[序号 $n$]] | 取出表中序号为 $n$ 的元素 |
| 6.表[[{序号 $n_1$,序号 $n_2$,序号 $n_3$,……,序号 $n_m$}]] | 取出由表中序号分别为 $n_1,n_2,\cdots,n_m$ 的 $m$ 个元素组成的一个表，其中 $n_1,n_2,\cdots,n_m$ 可以重复 |
| 7.表[[序号 $n_1$,序号 $n_2$]] | 取出表中序号为 $n_1$ 元素(该元素必须是一个表)的序号为 $n_2$ 的元素 |
| 8.Length[表] | 求表的长度 |
| 9.Prepend[表,elem] | 在表的第一个位置插入元素 elem |
| 10.Append[表,elem] | 在表的最后位置插入元素 elem |

## 四、程序设计语句

1. If[条件,语句 1]

功能:如果条件成立,则执行对应的语句 1,并将语句执行结果作为 If 语句的值,如果条件不成立,不执行语句 1。

2. If[条件,语句 1,语句 2]

功能:根据条件的成立与否确定执行哪一个语句,具体执行为:条件成立时,执行语句 1,否则,执行语句 2,并将语句执行结果作为 If 语句的值。

3. If[条件,语句 1,语句 2,语句 3]

功能:根据条件的成立与否确定执行哪一个语句,具体执行为:条件成立时,执行语句 1,条件不成立时,执行语句 2,否则,执行语句 3,并将语句执行结果作为 If 语句的值。

4. Which[条件 1,语句 1,条件 2,语句 2,…,条件 $n$,语句 $n$]

功能:由条件 1 开始按顺序依次判断相应的条件是否成立,若第一个成立的条件为条件 $k$,则执行对应的语句 $k$。

5. Which[条件 1,语句 1,条件 2,语句 2,…,条件 $n$,语句 $n$,True,"字符串"]

功能:由条件 1 开始按顺序依次判断相应的条件是否成立,若第一个成立的条件为条件 $k$,则执行对应的语句 $k$,若直到条件 $n$ 都不成立时,则返回符号字符串。

6. Switch[表达式,模式 1,语句 1,模式 2,语句 2,…,模式 $n$,语句 $n$]

功能:先计算表达式,然后按模式 1,模式 2,…的顺序依次比较与表达式结果相同的模式,找到的第一个相同的模式,则将此模式对应的语句计算计算结果作为 Switch 语句的结果。Switch 语句是根据表达式的执行结果来选择对应的执行语句,它类似于一般计算机语言的 Case 语句。

7. Do[expr,{$n$}]

功能:循环执行 $n$ 次表达式 expr。

8. Do[expr,{i,imin,imax}]

功能:按循环变量 i 为 imin,imin + 1,imin + 2,…,imax 循环执行 imax

- imin + 1 次表达式 expr。

9. Do[expr,{i,imin,imax,d}]

功能:按循环变量 i 为 imin,imin + d,imin + 2d,…,imin + nd,循环执行(imax - imin)/d + 1 次表达式 expr。

10. Do[expr,{i,imin,imax},{j,jmin,jmax}]

功能:对循环变量 i 为 imin,imin + 1,imin + 2,…,imax 每个值,再按循环变量 j 的循环执行表达式 expr。这是通常所说的二重循环命令,类似的,可以用在 Do 命令中再加循环范围的方法得到多重循环命令。

11. For[stat,test,incr,body]

功能:以 stat 为初值,重复计算 incr 和 body 直到 test 为 False 终止。这里 start 为初始值,test 为条件,incr 为循环变量修正式,body 为循环体,通常由 incr 项控制 test 的变化。

12. While[test,body]

功能:当 test 为 True 时,计算 body,重复对 test 的判断和 body 的计算,直到 test 不为 True 时终止。这里 test 为条件,body 为循环体,通常由 body 控制 test 值的变化。如果 test 不为 True,则循环体不做任何工作

13. Return[expr]

功能:退出函数所有过程和循环,返回 expr 值

14. Break[]

功能:结束本层循环

15. Continue[]

功能:转向本层 For 语句或 While 语句的下一次循环

此外,在 Mathematica 的循环结构中,使用如下表示式,可以达到简洁,快速的目的:

- k + +　　表示赋值关系 k = k + 1

如:k = 1;Table[ + + k,{5}]获得表{2,3,4,5,6}。

- + + k　　表示先处理 k 的值,再做 k = k + 1

如:k = 1;Table[k + + ,{5}]获得表{1,2,3,4,5}。

- k - -　　表示赋值关系 k = k - 1

如:k = 1;Table[k - - ,{5}]获得表{1,0,-1,-2,-3}。

● - -k　　　　表示先处理 k 的值,再做 k = k - 1

如:k = 1;Table[ - - k,{5}]获得表{0, - 1, - 2, - 3, - 4}。

● {x,y} = {y,x}　表示交换 x 与 y 值

● x + = k　　　表示 x = x + k

● x * = k　　　表示 x = x * k

## 五、常用的绘图选项参数名称、含义、取值

绘图命令中的选择项参数的形式为

选项(option)参数名称 - > 参数值(value)

其中,符号“ - > ”由键盘上的减号“ - ”和大于号“ > ”组成,中间不能有空格。用户通过对选项参数的选取和相应的参数取值,可以得到函数图形的不同显示形式。一般情况下,Mathematica 为每个绘图命令的选项参数都设置了默认值。选项参数中有些参数可以同时用于平面图形和空间图形,但参数取值或默认值有所不同。一些常用的绘图选项列举如下:

1.选项参数名称:AspectRatio

含义:图形的高度与宽度比。

参数取值:该参数的取值为任何正数和 Automatic。作为平面图形输参数值时,该选项参数的默认值为 1/GoldenRatio,这里 GoldenRatio 是数学常数 0.618;作为空间图形参数值时,该选项参数的默认值为 Automatic。AspectRatio 取 Automatic 值时,表示图形按实际比例显示。例如:

AspectRatio - > Automaic,表示显示的图形高度与宽度比由 Mathematica 的内部算法根据函数图形的大小确定;AspectRatio - > 1,表示显示的图形高度与宽度比是 1:1。

2.选项参数名称:Axes

含义:图形是否有坐标轴。

参数取值:该参数的取值为 True 和 None。该选项参数的默认值为 True。例如:

Axes - > True,表示显示的图形有坐标轴;

Axes - > None,表示显示的图形没有坐标轴。

3.选项参数名称:AxesLabel

含义:是否设置图形坐标轴标记

参数取值:该参数的默认值为 None;作为平面图形输出参数时,该选项参数取值为{"字符串 1","字符串 2"},表示将"字符串 1"设置为横坐标轴标记,"字符串 2"设置为纵坐标轴标记;作为空间图形输出参数时,该选项参数取值为{"字符串 1","字符串 2","字符串 3"},表示将"字符串 1"设置为横坐标标记,"字符串 2"设置为纵坐标标记,"字符串 3"设置为竖坐标标记。例如:

AxesLabel - > None,表示显示的图形坐标轴没有标记;

AxesLabel - > {"time","speed"},表示平面图形的横坐标轴标记显示为 time,纵坐标轴标记显示为 speed;

AxesLabel - > {"时间","速度","高度"},表示空间图形的横坐标轴标记设置为时间,纵坐标轴标记设置为速度,竖坐标轴标记设置为高度。

4.选项参数名称:Frame

含义:平面图形是否加框。

参数取值:该参数的取值为 True 和 False。该选项参数只用于平面图形,其默认值为 False。例如:

Frame - > True,表示显示的图形有框;

Frame - > False,表示显示的图形没有框。

5.选项参数名称:FrameLabel

含义:平面图形框的周围是否加标记。

参数取值:该参数的取值为 None 和{xb,yl,xt,yr}。该选项参数只用于平面图形且在 Frame - > True 时才有效,其默认值为 None。例如:

FrameLabel - > {a,b,c,d},表示显示的图形框的四个边的标记由底边起按顺时针方向依次为 a,b,c,d;

FrameLabel - > None,表示显示的图形框周围没有标记。

6.选项参数名称:PlotLabel

含义:是否设置图形名称标记。

参数取值:该参数取值为"字符串"和 None,默认值为 None。例如:

PlotLabel - > None,表示没有图形名称标记;

PlotLabel - > "Bessel",使显示的图形上标出符号 Bessel 作为该函数图形名称。

7.选项参数名称:PlotRange

含义:设置图形的范围。

参数取值:该参数的默认值为 Automatic,作为平面图形输出参数时,该选项参数还有两个取值,分别为{y1,y2}和{{x1,x2},{y1,y2}},第一个取值表示画出函数值在 y1 和 y2 之间的图形,第二个取值表示画出自变量在在 x1 和 x2 且函数值在 y1 和 y2 之间的图形;作为空间图形输出参数时,该选项参数也还有两个取值,分别为{z1,z2}和{{x1,x2},{y1,y2},{z1,z2}},第一个取值表示画出二元函数值在 z1 和 z2 之间的图形,第二个取值表示画出第一个自变量在 x1 和 x2,第二个自变量在 y1 和 y2,且函数值在 z1 和 z2 之间的曲面图形。例如:

PlotRange - > Automatic,表示用 Mathematica 内部算法显示的图形,该算法可以按要求尽量显示图形。

PlotRange - > {1,8},表示只显示函数值在 1 和 8 之间的平面曲线图形或空间曲面图形;

PlotRange - > {{2,5},{1,8}},表示只显示自变量在 2 和 5 之间且函数值在 1 和 8 之间的平面曲线图形;

PlotRange - > {{2,5},{1,8},{ - 2,5}},显示第一个自变量在[2,5]、第二个自变量在[1,8]且函数值在[ - 2,5]之间的曲面图形。

8.选项参数名称:PlotStyle

含义:设置所绘曲线或点图的颜色、曲线粗细或点的大小及曲线的虚实等显示样式。

参数取值:与曲线样式函数的取值对应。

曲线样式函数见表附 2.6。

**表附 2.6 Mathematica 中的曲线样式函数**

| 函　　数 | 功能及取值范围 |
| --- | --- |
| RGBColor[r,g,b] | 颜色描述函数,自变量 r,g,b 的取值范围为闭区间[0,1],其中 r,g,b 分别对应红(red)、绿(green)、蓝(blue)三种颜色的强度,它们取值的不同组合产生不同的色彩 |

·续上表

| 函　数 | 功能及取值范围 |
| --- | --- |
| Thickness[t] | 曲线粗细描述函数，自变量 t 的取值范围为闭区间[0,1]，t 的取值描述曲线粗细所占整个图形百分比，通常取值小于 0.1。二维图形的粗细默认值为 Thickness[0.004]，三维图形的粗细默认值为 Thickness[0.001] |
| GrayLevel[t] | 曲线灰度描述函数，自变量 t 的取值范围为闭区间[0,1]，t 取 0 值为白色，t 取 1 值为黑色 |
| PointSize[r] | 点的大小描述函数，自变量 r 表示点的半径，它的取值范围为闭区间[0,1]，该函数的取值描述点的大小所占整个图形百分比，通常 r 取值小于 0.01。二维点图形的默认值为 PointSize[0.008]，三维点图形的粗细默认值为 PointSize[0.01] |
| Dashing[{d1,d2,…,dn}] | 虚线图形描述函数，虚线图周期地使用序列值{d1,d2,…,dn}在对应的曲线上采取依次交替画长 d1 实线段，擦除长 d2 实线段，再画长 d3 实线段，擦除长 d4 实线段，…，的方式画出虚线图 |

注意：选项参数 PlotStyle 有两种取值方式。

①PlotStyle - > s　为所有曲线设置一种线形；

②PlotStyle - > {{s1},{s2},…,{sn}}　为一组曲线依次分别设置线形 s1、线形 s2、…，线形 sn。

这里 s,s1,s2,…,sn 都是如上提到的一种或多种曲线样式函数值，例如：

PlotStyle - > RGBColor[0,1,0]，设置输出曲线是绿色；

PlotStyle - > {{RGBColor[1,0,0],Thickness[0.05]},{RGBColor[0,0,1]}}，设置第一个输出曲线是红色且线宽为 0.05，第二个输出曲线为蓝色。

## 六、绘图命令

1. Plot[f[x],{x,xmin,xmax}]

功能：画出函数 f(x)的图形，图形范围是自变量 x 满足 xmin≤x≤xmax 的部分，其选择项参数值取默认值。

2. Plot[f[x],{x,xmin,xmax},option1 - > value1,option2 - > value2,…]

功能：画出函数 f(x)的图形，图形范围是自变量 x 满足 xmin≤x≤

xmax 的部分，其选择项参数值取命令中的值。

3. Plot[{f1[x],f2[x],…,fn[x]},{x,xmin,xmax}]

功能：在同一个坐标系画出函数 f1[x],f2[x],…,fn[x]的图形，图形范围是自变量 x 满足 xmin≤x≤xmax 的部分，其选择项参数值取默认值。

4. Plot[{f1[x],f2[x],…,fn[x]},{x,xmin,xmax},option1 - > value1,…]

功能：在同一个坐标系画出函数 f1[x],f2[x],…,fn[x]的图形，图形范围是自变量 x 满足 xmin≤x≤xmax 的部分，其选择项参数值取命令中的值

5. Plot3D[f[x,y],{x,xmin,xmax},{y,ymin,ymax}]

功能：画出函数 f(x,y)的自变量(x,y)满足 xmin≤x≤xmax,ymin≤y≤ymax 的部分的曲面图形，其选择项参数值取默认值。

6. Plot3D[f[x,y],{x,xmin,xmax},{y,ymin,ymax},option1 - > value1,…]

功能：画出函数 f(x,y)的自变量(x,y)满足 xmin≤x≤xmax,ymin≤y≤ymax 的部分的曲面图形。

7. ParametricPlot[{x[t],y[t]},{t,tmin,tmax},option1 - > value1,…]

功能：画出平面参数曲线方程为 x = x(t),y = y(t)满足 tmin≤t≤tmax 的部分的一条平面参数曲线图形。

8. ParametricPlot[{{{x1[t],y1[t]},{x2[t],y2[t]},…},{t,tmin,tmax},option1 - > value1,…}]

功能：在同一个坐标系中画出一组平面参数曲线，对应的参数曲线方程为

x1 = x1(t),y1 = y1(t);x2 = x2(t),y2 = y2(t);…满足 tmin≤t≤tmax。

9. ParametricPlot3D[{x[t],y[t],z[t]},{t,tmin,tmax},option1 - > value1,…]

功能：画出空间参数曲线方程为 x = x(t),y = y(t),z = z(t)满足 tmin≤t≤tmax 的部分的一条空间参数曲线图形，如果不选选择项参数，则对应的选择项值取默认值。

10. ParametricPlot3D[{x[u,v],y[u,v],z[u,v]},
{u,umin,umax},{v,vmin,vmax},option1 - > value1,…]

功能：画出参数曲面方程为

$x = x(u,v), y = y(u,v), z = z(u,v), u \in [umin, umax], v \in [vmin, vmax]$

部分的参数曲面图形,如果不选选择项参数,则对应的选择项值取默认值。

11. ListPlot[{{x1,y1},{x2,y2},…,{xn,yn}},option1 - > value1,…]

功能:在直角坐标系中画出点集{x1,y1},{x2,y2},…,{xn,yn}的散点图,如果没有选择项参数,则选择项值取默认值

12. ListPlot[{y1,y2,…,yn},option1 - > value1,…]

功能:在直角坐标系中画出点集{1,y1},{2,y2},…,{n,yn}的散点图,如果没有选择项参数,则选择项值取默认值。

13. ListPlot[{{x1,y1},{x2,y2},…,{xn,yn}},PlotJoined - > True]

功能:将所输入数据点依次用直线段联结成一条折线。

14. ContourPlot[f[x,y],{x,xmin,xmax},{y,ymin,ymax},option1 - > value1,…]

功能:画出二元函数 $z = f(x,y)$ 当 z 取均匀间隔数值所对应的平面等值线图,其中变量 $(x,y)$ 满足 $xmin \leqslant x \leqslant xmax, ymin \leqslant y \leqslant ymax$,如果不选选择项参数,则对应的选择项值取默认值。

15. Show[plot]

功能:重新显示图形 Plot。

16. Show[plot,option1 - > value1,…]

功能:按照选择设置 option1 - > value1,…重新显示图形 Plot。

17. Show[plot1,plot2,…,plotn]

功能:在一个坐标系中,显示 *n* 个图形 plot1,plot2,…,plotn。

18. Show[Graphics[二维图形元素表],option1 - > value1,…]

功能:画出由二维图形元素表组合的图形,其选择项参数及取值同于平面绘图参数。

常用的二维图形元素见表附 2.7。

**表附 2.7　Mathematica 中常用的二维图形元素**

| 图形元素 | 几何意义 |
| --- | --- |
| Point[{x,y}] | 位置在直角坐标{x,y}处的点 |
| Line[{x1,y1},{x2,y2},…,{xn,yn}] | 依次用直线段连接相邻两点的折线图 |

续上表

| 图形元素 | 几何意义 |
|---|---|
| Rectangle[{xmin,ymin},{xmax,ymax}] | 以{xmin,ymin}和{xmax,ymax}为对角线坐标的矩形区域 |
| Polygon[{{x1,y1},{x2,y2},…,{xn,yn}}] | 以{x1,y1},{x2,y2},…,{xn,yn}为顶点的封闭多边形区域 |
| Circle[{x,y},r] | 圆心在直角坐标{x,y},半径为r的圆 |
| Circle[{x,y},{rx,ry}]] | 圆心在直角坐标{x,y},长短半轴分别为rx和ry的椭圆 |
| Circle[{x,y},r,{t1,t2}] | 以直角坐标{x,y}为圆心,r为半径,圆心角度从t1到t2的一段圆弧 |
| Disk[{x,y},r] | 圆心在直角坐标{x,y},半径为r的实圆盘 |
| Disk[{x,y},{rx,ry}]] | 圆心在直角坐标{x,y},长短半轴分别为rx和ry的椭圆盘 |
| Text[expr,{x,y}] | 中心在直角坐标{x,y}的文本 |

## 七、Mathematica 操作的注意事项

- 在 Notebook 用户区用户输入完 Mathematica 命令后,还要按下 Shift + Enter 组合键,Mathematica 才能执行用户输入的 Mathematica 命令。
- 在 Notebook 用户区如果某个命令一行输入不下,可以用按下 Enter 键的方法来达到换行的目的。
- 每次输入完 Mathematica 命令并按下 Shift + Enter 组合键,通常系统会在输入内容的前一行自动加入符号“In[n] = :”以表示此次输入是第 *n* 次输入,这里的 In 代表输入,方括号中的 n 是一个正整数代表是第几次输入,如 In[5] = :以表出此次输入是第 5 次输入。同理输出内容用符号 Out[n] = 以表出此次输出是第几次输出,这里的 Out 代表输出。

## 八、Mathematica 的错误提示

用户在使用 Mathematica 命令时,可能会出现由于引用格式不符合要求或输入命令不对等错误,当这些情况出现时,Mathematica 通常给出一串用红色英文说明的错误提示信息指出发生的错误,一般情况下拒绝执行相应的命令。

通常,如果执行 Mathematica 命令时出现红色英文提示,就说明用户

犯了引用格式不符合要求或输入命令不对等错误，此时，用户可以通过阅读错误信息来了解出错的原因，并将其改正后重新执行命令即可。Mathematica 中的错误信息形式为：

标识符：：错误名：

错误提示信息

其中标识符是与命令名有关的内容，用户可以较少关注，只要关注后面的错误提示信息一般就能找到出错原因。例如：用户将“Plot”输入为“plot”：

In[1]: = plot[Sin[x],{x, -2,2}]

则执行结果出现红色英文说明的错误提示信息：

General: : spell1:

Possiblespellingerror: newsymbolname

“plot”issimilartoexistingsymbol”Plot”.

阅读这个信息可以知道错误出现在绘图命令的字母大小写上。

通过上面的例子可以看到 Mathematica 对命令的字母大小写及命令中每个部分的形式都有严格的规定，如果用户对此稍有改变就会出现问题。因此，Mathematica 用户应该严格遵守命令形式的写法。

用户在使用 Mathematica 遇到不能正确给出执行结果时，可以从如下方面检查原因：

- 输入命令中是否把该大写的英文字母错输入为小写字母了？
- 输入命令中是否错用了四种括号或括号不匹配？
- 输入命令中的变量是否已经取值？

# 参考文献


[1] 张志涌,等. 掌握与精通 MATLAB. 北京:北京航空航天大学出版社, 1998.

[2] 王兵团,等. Methematica 数学软件简明教程与数学实验. 北京:中国铁道出版社,2002.

[3] 张培强. MATLAB 语言. 合肥:中国科学技术大学出版社,1995.

[4] 许波. MatLab 工程数学应用. 北京:清华大学出版社,2000.

[5] 龚剑. MATLAB 5. X 入门与提高. 北京:清华大学出版社,2000.

[6] 萧树铁. 数学实验. 北京:高等教育出版社,1999.

[7] 同济大学数学教研室. 线性代数. 3 版. 北京:高等教育出版社,2000.

[8] 同济大学数学教研室. 高等数学. 4 版. 北京:高等教育出版社,1999.

[9] 张宜华. 精通 MATLAB 5. 北京:清华大学出版社,1999.